Discovery EDUCATION

맛있는 과학

디스커버리 에듀케이션
맛있는 과학–32 별과 별자리

1판 1쇄 발행 | 2012. 4. 20.
1판 4쇄 발행 | 2018. 3. 11.

발행처 김영사
발행인 고세규
등록번호 제 406-2003-036호
등록일자 1979. 5. 17.
주 소 경기도 파주시 문발로 197(우10881)
전 화 마케팅부 031-955-3102 편집부 031-955-3113~20
팩 스 031-955-3111

값은 표지에 있습니다.
ISBN 978-89-349-5620-4 64400
ISBN 978-89-349-5254-1 (세트)

최고의 어린이 과학 콘텐츠

디스커버리 에듀케이션 정식 계약판!

Discovery EDUCATION

맛있는 과학

32 | 별과 별자리

문희숙 글 | 황은혜 그림 | 류지윤 외 감수

주니어김영사

차례

1. 별이란 무엇일까요?

2. 별의 비밀

3. 하늘에도 지도가 있어요

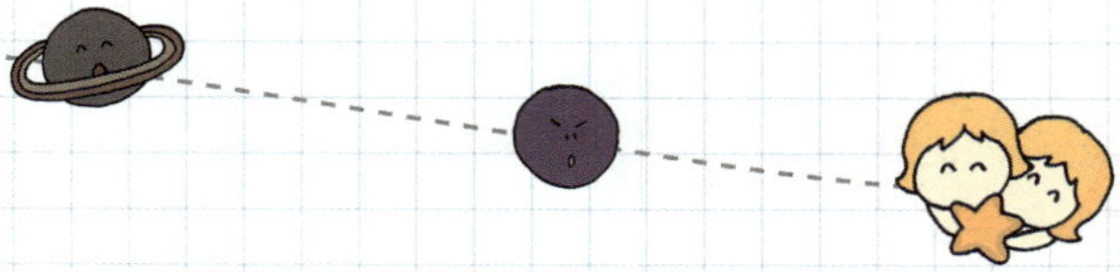

4. 별자리 이야기

5. 별을 관찰하는 도구들

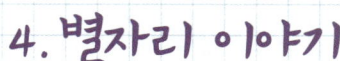

관련 교과

초등 5학년 1학기 1. 지구와 달

중학교 2학년 6. 태양계, 8. 별과 우주

중학교 3학년 7. 태양계의 운동

1. 별이란 무엇일까요?

여러분, 〈작은 별〉이라는 노래를 잘 알지요? 밤하늘을 올려다보면 노래 가사에서처럼 반짝반짝 빛나는 작은 별들이 하늘을 수놓고 있습니다. 밤하늘에 빛나는 수많은 별은 저마다 다른 특징이 있습니다. 크기, 모양, 색깔, 밝기 등 똑같은 별은 하나도 없어요. 지금부터 각양각색의 별에 대해 알아봅시다.

반짝반짝 작은 별

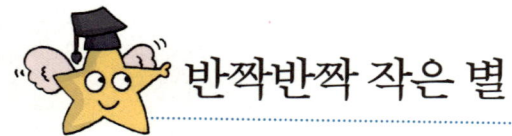

해가 지면 나타났다 해가 뜨면 사라져 버리는 하늘의 신비로운 물체, 높은 하늘에서 조그맣게 반짝이고 있는 점들을 우리는 별이라고 부릅니다. 도대체 별은 무엇이기에 밤만 되면 하늘에서 반짝일까요?

스스로 열과 빛을 내는 별

높고 어두운 밤하늘에서 빛나는 물체에는 화성이나 혜성, 혹은 거대한 은하가 있어요. 이것들은 우리와는 너무 멀리 떨어져 있기 때문에 맨눈으로 보아서는 그것이 화성인지, 혜성인지 또는 거대한 은하인지 구분할 수 없습니다.

그리고 이것들을 다 별이라고 부르지도 않습니다. 하늘의 천체 중에는 특별한 것이 있습니다. 자기 안에 가지고 있는 물질을 사용하여 스스로 열과 빛을 내는 천체들이지요. 이처럼 스스로 열과 빛을 내는 천체를 별, 다른 말로는 항성이라고 부릅니다.

사실, 우리가 밤하늘을 바라볼 때 별뿐만 아니라 별이 아닌 것들도 함께 보게 됩니다. 별이 아닌 것

천체

우주 공간에 떠 있어 천문학의 대상이 되는 물체들을 모두 칭하는 말입니다. 천체는 태양, 행성, 위성, 혜성, 소행성, 항성 등을 모두 포괄하는 용어예요. 지구에 속하는 것은 제외되고 인공위성·인공행성 등은 인공천체라고 구별해서 부릅니다.

밤하늘의 별들은 스스로 열과 빛을 낸다. © friendlystar@the Wikimedia Commons

들은 행성이나 혜성으로 별빛을 반사해서 빛을 내지요. 또한 우리 눈에 보이는 한 개의 별이 사실은 많은 별의 집단이나 은하일 수도 있습니다.

별들이 스스로 열과 빛을 낸다면 굉장히 뜨거울 텐데, 왜 우리가 느낄 때에는 그다지 뜨겁지도 밝지도 않을까요? 오히려 별이 반짝이는 밤하늘은 차갑고, 매우 어둡게 느껴지잖아요. 심지어 별 가운데에는 달보다 더 어두워서 잘 살펴보지 않으면 눈에 보이지 않는 것도 있습니다. 왜 그럴까요?

그 이유는 별이 우리와 매우 멀리 떨어져 있기 때문입니다. 별은 태양만큼이나 매우 뜨겁고 밝아요. 만약 우리가 별과 가까이 있다면, 그 열기에 우리는 모두 다 타 버릴 것입니다. 저 많은 별이 우리와 멀리 떨어져 있다는 사실을 고마워해야겠지요.

태양계의 행성들. 지구는 별이 아니라 행성 가운데 하나다.

지구와 가장 가까운 별

그렇다면 우리가 사는 지구와 가장 가까이에 있는 별은 무엇인가요? 저 별들 가운데 어느 별이 우리와 가장 가까이 있을까요? 그리고 그것은 우리와 얼마나 멀리 떨어져 있을까요?

우리와 가장 가까이에 있는 별을 찾기 위해서 많은 별 속을 헤맬 필요는 없습니다. 왜냐하면 그 별은 바로 태양이거든요. 태양은 스스로 만든 열과 빛을 지구로 보내 주는 에너지의 근원입니다. 태양은 엄청난 양의 열과 빛을 만들어서 지구뿐만 아니라 태양계에 속한 행성에게 많은 에너지를 공급해 주고 있습니다. 태양계에 단 하나밖에 없는 별이 바로 태양입니다.

지구는 별일까요?

사람들은 종종 우리가 살고 있는 지구를 별이라고 부릅니다. 그런데 안타깝게도 지구는 별이 아닙니다. 만약 지구가 별이라면 지구도 어떻게든 열과 빛을 내야 할 테니까요. 지구는 별이 아니라 별의 주위를 공전하는 행성입니다.

태양과 같이 스스로 열과 빛을 내는 천체를 항성이라고 했지요. 항성의 주위를 돌고 있는 태양과 같은 것들을 행성이라고 합니다. 금성, 지구, 화성 등은 행성에 해당됩니다. 그리고 행성 주위를 도는 것

항성

천구 상에 고정되어 있는 별을 가리킵니다. 항성은 태양처럼 스스로 빛을 발하는 고온의 가스체로 가벼운 원소를 무거운 원소로 바꾸는 핵융합 반응을 하거나, 원자핵 반응을 일으켜 빛을 냅니다. 항성들은 지구에서 대단히 멀리 떨어져 있습니다.

별이 아니다. 별이다. 이 속에 많은 별이 있다.

행성

혹성이라고도 부르며, 태양이나 다른 별 주위의 궤도를 따라 공전하는 물체를 말합니다. 우리가 사는 태양계에는 아홉 개의 행성(수성, 금성, 지구, 화성, 목성, 토성, 천왕성, 해왕성, 명왕성)이 있다고 알려져 있었으나 2006년 8월 국제천문연맹은 행성을 새롭게 정의하여 명왕성을 태양계의 행성에서 제외했습니다.

을 위성이라고 합니다. 지구 주위를 돌고 있는 달은 위성에 해당되겠지요. 인공위성은 사람이 만들어 지구 주위를 돌도록 만든 것입니다.

별의 운명

밤하늘에 떠 있는 저 별은 예전부터 쭉 있어 왔고, 앞으로도 영원히 계속 있을 것만 같습니다. 정말 그럴까요? 아닙니다. 별도 태어나서 자라고 늙고 죽습니다. 마치 사람과 같아요. 우리와 가장 가까운 별인 태양도 처음부터 있지는 않았습니다.

과학자들은 태양의 나이가 지구의 나이와 비슷한 약 46억 살이라고 합니다. 대략 46억 년 전에 등장했다는 뜻이지요. 지금의 태양은 활동이 활발한 젊은 별에 해당된다고 합니다. 대체로 100세도 안 되어 죽는 사람에 비하면 태양의 수명은 아주 길지요. 하지만 태양도 언젠가는 죽는답니다.

별의 탄생

도대체 별은 어떻게 생겨났을까요? 여러분은 별을 볼 때 궁금한 적이 없었나요?

우주 공간에는 많은 가스가 있습니다. 이 가스들의 대부분은 수소로 이루어져 있습니다. 가스뿐 아니라 우주 공간에는 다른 별들이 죽으면서 남긴 물질의 일부가 포함되어 있지요. 이것을 성운이라 부릅니다. 성운 단계에서는 아직 빛을

핵융합

1억℃ 이상의 고온에서 가벼운 원자핵끼리 융합하여 거대한 에너지를 방출하는 현상입니다. 핵분열이 '제3의 불'이라 불리듯이 핵융합은 '제4의 불'이라 불립니다.

내지 않습니다. 이 성운의 일부가 공처럼 뭉쳐져서 별이 탄생합니다. 별의 처음 모습을 원시별이라고 합니다. 원시별의 중심은 중력이 세서 아주 높은 열을 냅니다. 온도가 어느 정도 높아지면 핵융합 반응이 일어나 반짝반짝 빛이 나는 별이 됩니다.

하지만 이 단계에까지 이르지 못하면 원시별도 진정한 별이 되지 못하고 먼지와 가스 덩어리 상태로 우주에 남게 됩니다.

별의 죽음

탄생한 별들은 계속 활동하면서 그 속에 가지고 있던 수소 같은 연료를 다 써 버립니다. 그러면 더 이상 활동할 수가 없게 되지요. 활동하지 못하는 별은 서서히 식거나 한순간에 열과 빛을 내면서 죽습니다.

별의 진화

별이 태어나서 죽기까지의 과정을 별의 진화라고 합니다. 그런데 별은 모두 같은 모습으로 진화할까요? 아닙니다. 별은 태어날 때 각각 갖고 있는 질량이나 성분이 다른데, 이에 따라 진화하는 방식도 달라집니다. 별이 어떻게 변화하는지 함께 알아볼까요?

대부분의 별은 핵융합 반응으로 연료인 수소를 모두 사용하면 다음에는 헬륨을 연료로 하여 다른 종류의 핵융합 반응을 합니다. 이 과정에서 별은 점점 덩치가 커지는데, 이때의 별을 적색거성이라고 부릅니다. 그다음 단계부터 별들의 진화는 크게 백색왜성, 중성자별, 블랙홀 이렇게 세 가지로 나뉘어 진행됩니다.

■ 별의 세 가지 진화 과정

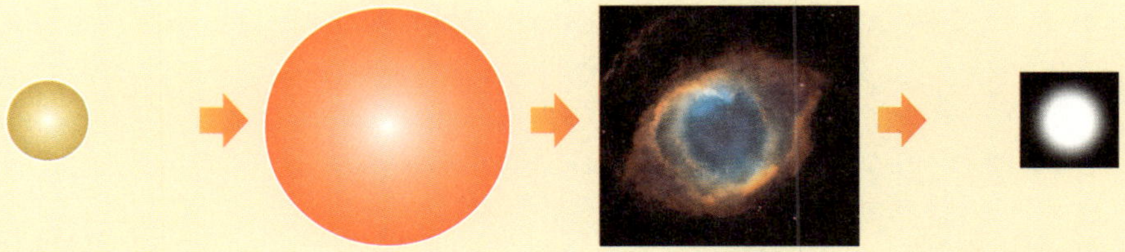

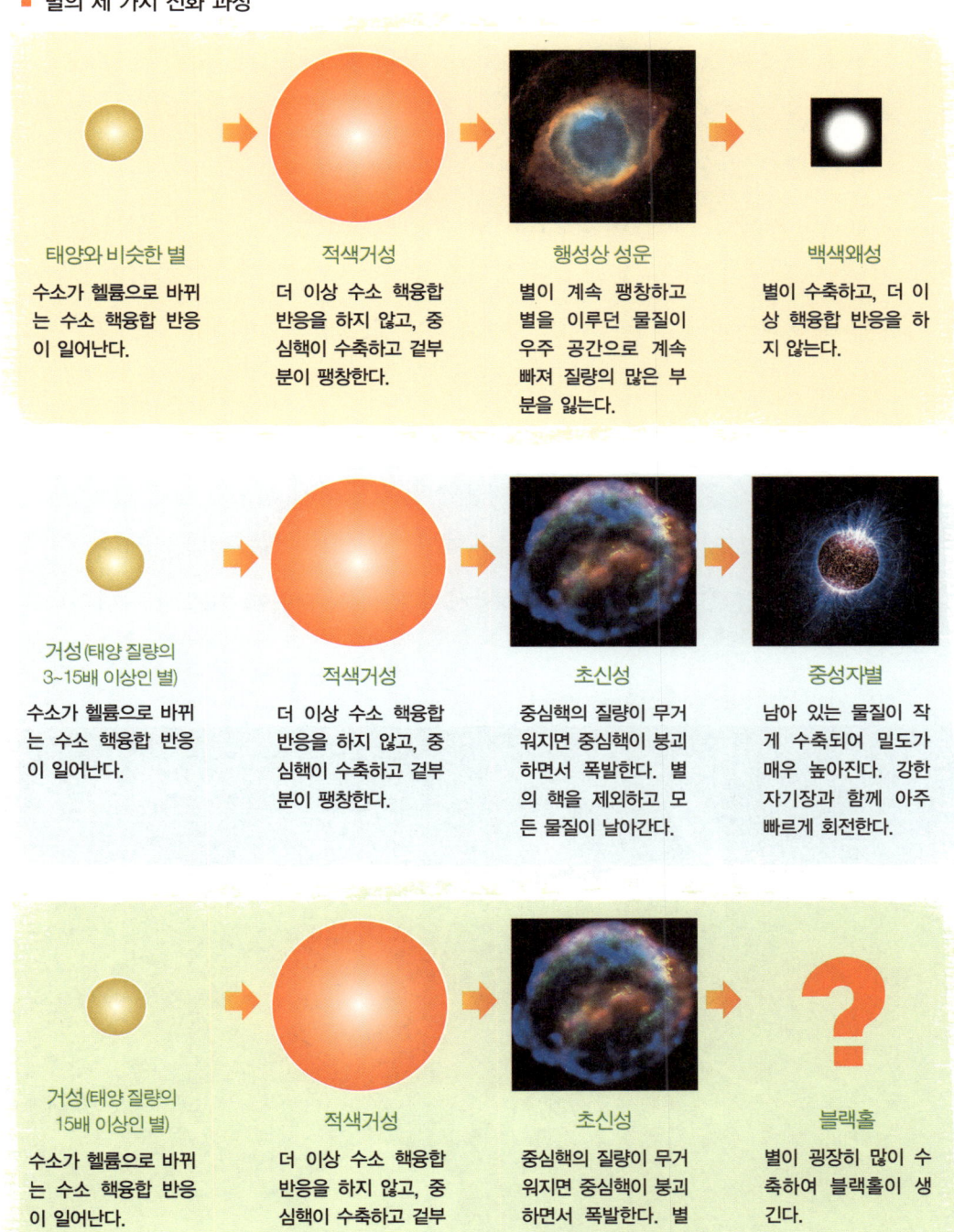

태양와 비슷한 별
수소가 헬륨으로 바뀌는 수소 핵융합 반응이 일어난다.

적색거성
더 이상 수소 핵융합 반응을 하지 않고, 중심핵이 수축하고 겉부분이 팽창한다.

행성상 성운
별이 계속 팽창하고 별을 이루던 물질이 우주 공간으로 계속 빠져 질량의 많은 부분을 잃는다.

백색왜성
별이 수축하고, 더 이상 핵융합 반응을 하지 않는다.

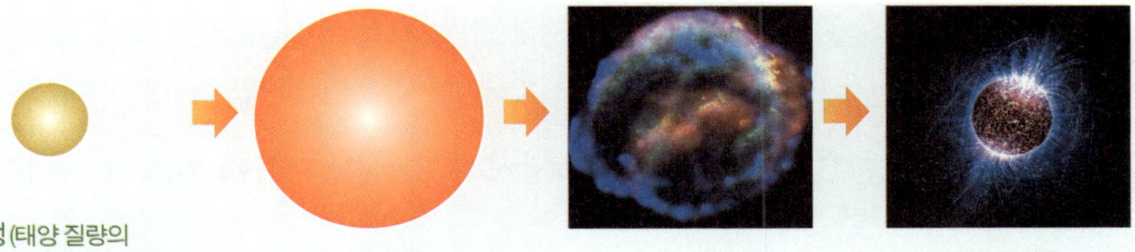

거성(태양 질량의 3~15배 이상인 별)
수소가 헬륨으로 바뀌는 수소 핵융합 반응이 일어난다.

적색거성
더 이상 수소 핵융합 반응을 하지 않고, 중심핵이 수축하고 겉부분이 팽창한다.

초신성
중심핵의 질량이 무거워지면 중심핵이 붕괴하면서 폭발한다. 별의 핵을 제외하고 모든 물질이 날아간다.

중성자별
남아 있는 물질이 작게 수축되어 밀도가 매우 높아진다. 강한 자기장과 함께 아주 빠르게 회전한다.

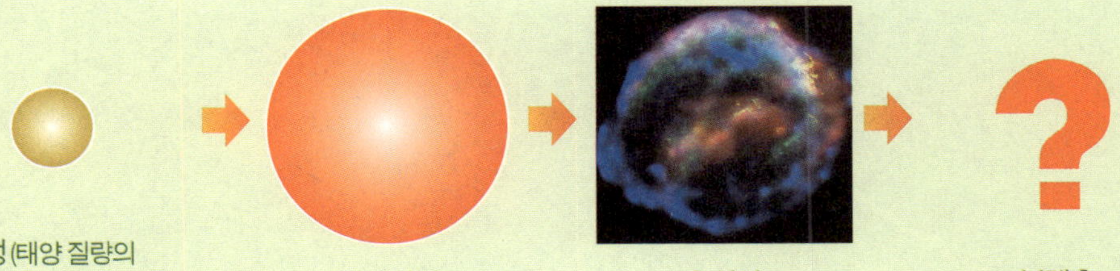

거성(태양 질량의 15배 이상인 별)
수소가 헬륨으로 바뀌는 수소 핵융합 반응이 일어난다.

적색거성
더 이상 수소 핵융합 반응을 하지 않고, 중심핵이 수축하고 겉부분이 팽창한다.

초신성
중심핵의 질량이 무거워지면 중심핵이 붕괴하면서 폭발한다. 별의 핵을 제외하고 모든 물질이 날아간다.

블랙홀
별이 굉장히 많이 수축하여 블랙홀이 생긴다.

별 가운데 태양의 크기와 비슷하거나 이보다 작은 별들은 팽창하는 과정에서 별을 이루던 껍질 부분의 물질이 우주 공간으로 날아갑니다. 이때의 상태를 행성상 성운이라고 부릅니다.

시간이 지나 그 속에 있던 헬륨을 다 써 버리면 별은 그 중심에 철보다는 가벼운 탄소, 마그네슘 등과 같은 물질을 만들며 죽음을 준비를 합니다. 이 별을 백색왜성이라고 부르지요. 백색왜성은 밀도가 높고 흰빛을 내는 작은 항성입니다. 지름은 지구와 비슷하고, 질량은 태양과 비슷하지요.

별 중심부의 핵융합 반응이 철을 만드는 단계까지 진행되면 별은 더 이상 핵융합 반응을 하지 않습니다. 핵융합 반응을 하지 않으면 에너지를 만들어 내지 못하기 때문에 별은 수명을 다했다고 볼 수 있습니다.

그런데 태양보다 무거운 별은 폭발하여 초신성 단계에 이르게 됩니다.

중성자별이 계속 수축하면 블랙홀이 된다.

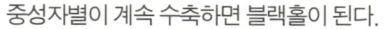

이때 발생한 열에 의해 초신성은 한 번 더 핵융합 반응을 거치게 되는데, 이 과정에서 철보다 무거운 원소가 만들어집니다. 그리고 이 초신성이 수축되면 중성자별이 됩니다.

중성자별은 중력이 매우 커서 계속 수축하게 되는데, 이것이 유명한 블랙홀입니다.

별은 얼마나 오래 살까요?

별의 진화 과정이 별의 질량에 따라 달라지듯이 별의 온도나 수명도 별의 질량에 따라 달라집니다. 질량이 큰 별은 연료가 많기 때문에 온도가 높고 밝습니다. 질량이 작은 별은 연료가 적어서 별의 온도가 낮고 덜 밝지요.

하지만 별의 질량이 많다고 해서 오래 살지는 않습니다. 활동이 활발한 만큼 연료도 빨리 소모해 버려 오히려 수명이 짧은 별도 있지요. 과학자들은 별의 밝기와 온도로 별의 나이를 짐작합니다.

태양의 에너지

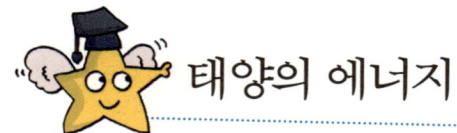

태양은 지구로부터 약 1억 5,000만㎞나 떨어져 있습니다. 그렇게 멀리 떨어져 있는데도 우리는 태양을 똑바로 쳐다볼 수가 없습니다. 여름에는 태양이 너무 뜨거워서 모두들 그늘을 찾아다니고 모자와 양산을 쓰기도 하지요. 태양은 무엇으로 만들어졌기에 그렇게 멀리 떨어진 지구에서도 뜨겁게 느껴질까요?

태양의 열과 빛

태양에서는 무슨 일이 일어나고 있을까요? 무슨 일이 일어나기에 그토록 어마어마한 열과 빛을 내는지 궁금해집니다.

태양 속에서는 핵융합이라는 반응이 일어나고 있습니다. 태양을 이루는 물질은 주로 수소와 헬륨입니다. 태양 속에서는 수소 원자끼리 결합해서 헬륨 원자로 바뀝니다. 이 과정에서 엄청난 양의 열과 빛이 나옵니다.

태양은 타고 있지 않아요

우리는 태양의 겉모습을 표현할 때 활활 타오른다고 말하면서 매우 뜨겁다 생각하지요. 태양은 정말 타고 있을까요?

탄다라는 것은 다른 말로 연소라고 해요. 연소는 물질이 산소와 결합하여 열과 빛을 내는 화학 과정입니다. 물질이 연소하기 위해서는 세 가지 조건이 모두 만족되어야 합니다. 탈 물질, 산소, 그리고 불이 붙을 수 있는 온도가 바로 연소의 세 가지 조건입니다.

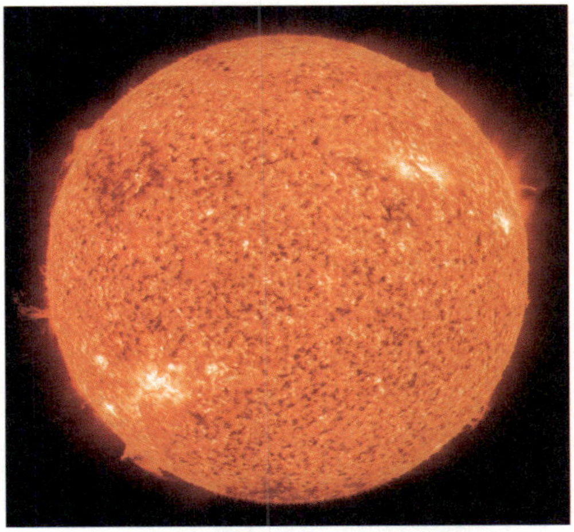
태양은 핵융합 과정을 통해 큰 에너지를 뿜어낸다.

여러분 중에는 왜 태양이 타는 게 아닌지 눈치 챈 사람도 있을 거예요.

별을 이루는 대부분의 물질은 수소와 헬륨이지만 그 외의 우주 공간은 사실 물질이 매우 희미하게 존재하는 진공상태에 가깝습니다. 만약 수소가 산소와 결합하여 반응이 일어난다면 연소가 일어날 수 있겠지만 우주 공간에는 연소를 일으킬 만한 양의 산소가 없습니다. 따라서 태양은 타고 있다고 표현할 수 없어요. 태양은 핵융합이라는 과정을 거쳐서 엄청난 양의 에너지를 뿜어낼 뿐입니다.

밤하늘의 별난 별들

밤하늘에 떠 있는 별은 모두 비슷해 보이지만 저마다 다른 특징이 있습니다. 낮에도 보일 정도로 밝은 별, 밝기가 변하는 별, 겉보기에는 하나인데 사실은 여러 개인 별, 주위의 모든 것을 빨아들이는 별 등 우주에는 참 별난 별이 많습니다.

초신성

별이 폭발하면 매우 밝아집니다. 이것을 초신성이라 불러요. 마치 새로운 별이 생겼다가 사라지는 듯이 보여서 붙여진 이름입니다.

초신성은 별의 진화 과정 가운데에 한 단계에 해당됩니다. 별이 진화하다가 마지막 단계에서 폭발할 때 엄청난 양의 에너지를 순간적으로 방출하는데, 그 밝기가 수억 배까지 증가했다가 서서히 줄어듭니다. 우리 은하 안에서 초신성이 생기면 낮에도 별이 보일 정도로 밝아진다고 합니다.

과학자들은 초신성이 하나의 은하에서 생길 횟수는 보통 100~200년 사이에 한 번 정도라고 합니다. 모든 별이 초신성을 거치지는 않기 때문이지요.

초신성은 태양보다 훨씬 무거운 별이 진화하는 과정에서 죽기 전에 거치는 단계입니다. 겉으로 보기에 사그라지는 불꽃처럼 보이지만 초신성 과정이 별의 죽음을 의미하지는 않습니다. 별이 폭발하면 우주 공간에 성간물

왼쪽 아래에 빛나는 별이 초신성이다.

질을 내뿜게 되는데, 이 성간물질은 별이 다시 태어나는 출발점이 되기도 하니까요.

성간물질

별과 별 사이에 떠 있는 매우 적은 물질입니다. 이 물질에는 별과 별 사이의 공간 대부분을 차지하는 기체인 성간가스, 행성들 사이에 떠 있는 암석 조각인 유성물질 따위가 있습니다.

변광성과 쌍둥이별

별 가운데에는 밝기가 변하는 별이 있습니다. 이런 별을 변광성이라고 부릅니다. 변광성 중에도 밝기가 규칙적으로 변하는 것, 불규칙하게 변하는 것, 갑자기 밝아졌다가 서서히 어두워지는 것 등 여러 가지가 있습니다.

그중에는 두 개의 별이 가까이 돌면서 서로의 위치에 따라 밝기가 변하는 것이 있습니다. 이것을 식변광성 또는 식쌍성이라고 해요.

어떤 별은 부풀었다 줄었다를 반복하면서 밝기가 변하기도 합니다. 마치 맥박이 뛰는 것과 같다고 해서 맥동변광성이라고 부르지요.

폭발변광성이라는 별도 있어요. 이것은 짧은 시간 동안에 별이 폭발해서 밝기가 변하여 붙여진 이름입니다.

별 가운데에는 쌍둥이별도 있습니다. 맨눈으로 보면 한 개이지만 자세히 보면 두 개, 세 개 또는 그 이상의 개수로 이루어져 있습니다.

중성자별

별 가운데에는 사람의 맥박처럼 주기적으로 신호를 보내는 것이 있습니다. 이것을 펄서(pulsar)라고 부릅니다. 펄서는 1967년 영국의 천문대에서 처음으로 발견했어요. 조셀린 벨이라는 사람은 우주에서 오는 전파를 찾고 있었지요. 그러던 중 규칙적으로 켜졌다 꺼졌다 하는 전파를 발견하게 되었어요. 처음에는 이것이 우주에서 오는 신호인 줄 알았다가 신호가 너무 규칙적이어서 나중에는 우주의 신호는 아니라고 결론 내렸지요. 그 전파는 사실 중성자별이 자전하면서 내는 신호였습니다.

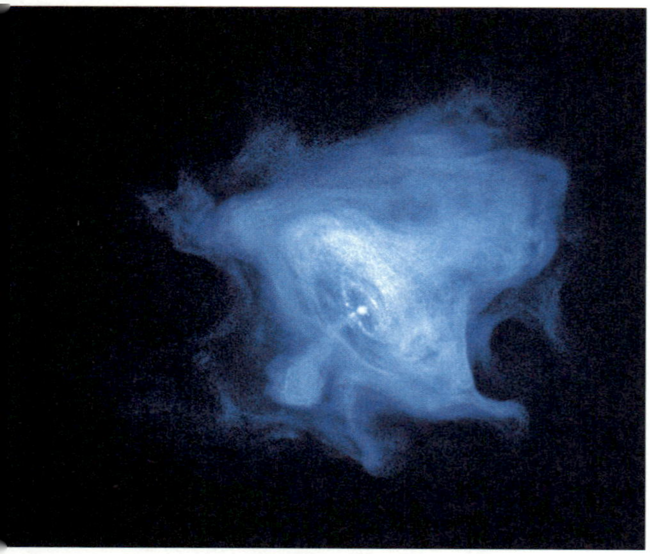
게자리 성운에서 발견된 펄서.

중성자별은 질량이 초고밀도로 응축되어 있는데, 그 중력이 지구 중력의 2,000억 배에서 3조 배 정도에까지 이른다고 합니다. 정말 매우 엄청난 중력을 가지고 있지요. 더욱

놀라운 점은 중성자별의 자전 속도입니다. 일반적인 중성자별은 1초에서 30초 사이에 한 바퀴 돕니다. 간혹 매우 빠르게 돌면서 X선을 방출하는 중성자별도 있습니다. 1초마다 한 번씩 X선을 방출하는 중성자별은 매초 수백 번 정도를 돌고 있다고 합니다. 매초 수백 번을 돈다니, 상상이 되나요?

그래서 사람이 이 중성자별을 여행한다는 것은 아직 상상도 할 수 없습니다. 중성자별에 착륙했다가는 엄청난 중력 때문에 몸이 으스러지거나, 그곳에서 탈출할 수가 없을 테니까요.

X선

눈에 보이지 않는 전자기파의 한 종류입니다. 눈에 보이지는 않지만 굴절, 반사 등의 현상을 나타내면서 강한 투과 작용을 해요. 과학에서 매우 중요할 뿐만 아니라, 질병을 진단하고 치료하는 등 우리의 실제 생활에서도 널리 쓰입니다.

가시광선

전자기파 가운데에서 사람의 눈에 보이는 범위의 파장을 가지고 있는 것을 가리킵니다. 가시광선 안에서는 파장에 따라 변하는 성질이 각각의 색깔로 나타나며, 빨간색에서 보라색으로 갈수록 파장이 짧아집니다.

청소기 같은 블랙홀

수많은 천체 가운데에는 아름다운 것도 있지만 이름만 들어도 무시무시한 것도 있습니다. 끌어당기는 힘이 매우 강해서 근처에 있는 물질뿐만 아니라 빛까지도 빨아들여 휘게 하는 것, 바로 블랙홀입니다. 블랙홀은 별이 죽은 후에 수축하여 생깁니다.

하지만 모든 별이 죽어서 블랙홀이 되지는 않습니다. 태양보다 질량이 열다섯 배 이상은 되어야 블랙홀을 만들 수 있습니다. 태양과 같은 크기의 별이 블랙홀이 되기 위해서는 반지름이 3㎞ 정도까지 수축되어야 합니다.

블랙홀은 우주의 탄생을 추적하기 위해 연구되기도 합니다. 과학자들은 우주가 탄생했을 때 많은 수의 블랙홀이 생겼다고 추측하고 있습니다.

이 신기한 블랙홀을 우리의 눈으로 확인할 수 있을까요? 안타깝게도 그

럴 수 없습니다. 블랙홀은 눈으로 볼 수 있는 가시광선을 방출하지 않아요. 블랙홀은 빛까지도 빨아들이기 때문이지요. 대신, 블랙홀은 주위의 물질을 빨아들일 때 강한 X선을 방출합니다. 그래서 과학자들은 블랙홀이 방출하는 X선으로 위치를 추적하고 있습니다.

그런데 우주의 모든 물질은 블랙홀 속으로 다 빨려 들어갈까요? 다행히 이런 걱정은 하지 않아도 됩니다. 블랙홀이 먹어 치울 수 있는 범위는 한계가 있어요. 만약 블랙홀의 영향이 미치는 곳에 물질이 있다면 블랙홀 속으로 빨려 들어가겠지만, 그 영향권에서 벗어나 있다면 아무 일도 일어나지 않습니다. 마치 청소기가 방 안의 모든 것을 다 빨아들이지 않고, 근처에 있는 것만 빨아들이는 것과 같아요.

TIP 요건 몰랐지?

중력렌즈

아인슈타인은 강한 중력을 발생시키는 것은 주위의 공간도 휘게 만든다고 생각했습니다. 실제로 태양 근처의 별을 관측하던 중, 태양의 근처에서 보이는 어떤 별이 사실은 태양의 뒤쪽에 있어서 보이지 않는 별이라는 것이 밝혀졌습니다. 태양의 뒤편에서 오던 별빛이 거대한 태양 근처를 지나면서 태양의 중력에 의해 휜 공간을 따라 우리에게 도달한 것이지요.

이와 같이 먼 곳에서 오는 별빛은 우리에게 오는 도중에 다른 거대한 천체에 의해 굴절되기도 합니다. 이것을 '중력렌즈 현상'이라고 합니다. 별과 우리 사이에 있는 은하와 같은 거대한 천체가 볼록렌즈 역할을 하여 별빛을 휘게 합니다.

그런데 중력렌즈가 늘 발견되지는 않습니다. 광원이 되는 천체와 렌즈 역할을 하는 천체, 그리고 관측자가 되는 지구가 늘 일직선에 있지는 않기 때문입니다.

오른쪽 사진은 중력렌즈 현상을 보여 주는 좋은 예입니다. 사진의 중심부에는 거대한 타원은하가 있습니다. 이 타원은하가 렌즈 역할을 해서 뒤에서 오던 별빛을 굴절시킵니다. 주위에 보이는 네 개의 푸른 점은 천체에서 출발한 빛이 타원은하의 근처를 지나다가 중력렌즈 현상으로 네 개의 상으로 만들어져 보이는 것입니다.

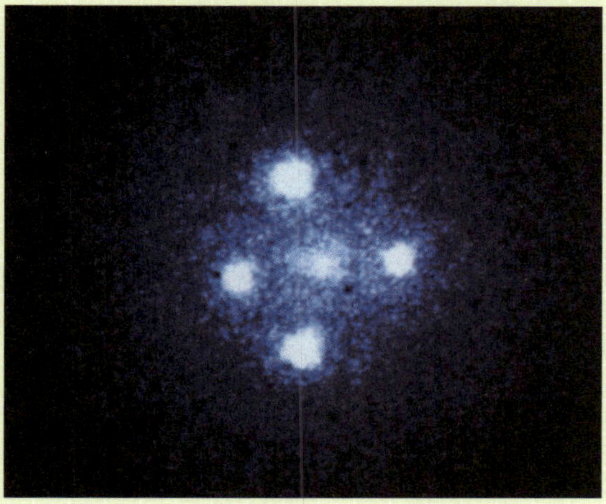
중력렌즈 현상.

Q&A 꼭 알고 넘어가자!

문제 1 우리가 사는 지구가 별이 아닌 이유는 무엇일까요?

문제 2 별이 스스로 빛과 열을 낸다면 뜨겁다고 느껴야 할 텐데 우리는 왜 뜨거움을 느끼지 못할까요?

건입니다. 별을 이루는 대부분의 물질은 수소와 헬륨이지만 그 외의 우주 공간은 물질이 매우 적게 존재하는 진공에 가까운 상태입니다. 만약 수소가 산소와 결합하여 반응이 일어난다면 연소가 일어날 수 있겠지만 우주 공간에는 연소를 일으킬 만한 양의 산소가 없어요. 따라서 태양은 타고 있는 것이 아니라 핵융합 과정을 거쳐서 엄청난 양의 에너지를 뿜어낼 뿐입니다.

4. 블랙홀의 영향이 미치는 범위에는 한계가 있습니다. 만약 블랙홀의 영향력이 있는 곳에 물질이 있다면 블랙홀 속으로 빨려 들어가겠지만, 그 영향권에서 벗어난다면 아무 일도 없습니다.

문제 3 우리는 태양이 붉게 타오른다고 말합니다. 태양은 정말 활활 타고 있을까요?

문제 4 블랙홀은 무엇이든지 다 빨아들입니다. 그런데 왜 우리는 빨려 들어가지 않을까요?

정답

1. 지구가 별이라면 스스로 빛과 열을 내야 하는데 지구는 그렇지 못하므로 별이 아닙니다. 지구는 별이 아니라 태양이라는 별의 주위를 공전하고 있는 행성입니다.

2. 별이 우리와 매우 멀리 떨어져 있기 때문입니다.

3. 물질이 타는 것을 연소라고 합니다. 연소는 물질이 산소와 결합하여 열과 빛을 내는 화학 과정입니다. 물질이 연소하기 위해서는 세 가지 조건이 모두 만족되어야 합니다. 탈 물질, 산소, 불이 붙을 수 있는 온도가 그 조

관련 교과

초등 5학년 1학기 1. 지구와 달
중학교 2학년 6. 태양계, 8. 별과 우주
중학교 3학년 7. 태양계의 운동

2. 별의 비밀

밤하늘의 별들은 잡을 수 없을 만큼 높은 곳에서 보일 듯 말 듯 반짝입니다. 이렇게 멀리 떨어져 있는 별들은 우리가 사는 곳과는 많이 다릅니다. 별은 지구와 무엇이 다를까요? 이번 장에서는 밤하늘에서 빛나는 수많은 별의 비밀을 캐어 보아요.

별들의 모임

우주의 모습을 촬영한 사진을 보면 얼마나 멋있는지 그곳에 꼭 가고 싶어집니다. 그중에는 많은 별이 모여 있는 집단도 있고, 별들이 모여 구름처럼 보이는 것도 있어요.

성단과 성운

별들이 여러 개 모여 있는 집단을 성단이라고 합니다. 성단은 구상성단과 산개성단으로 나뉩니다.

구상성단은 수십만 개 혹은 수백만 개의 별이 공 모양으로 빽빽하게 모여 있는 것을 말합니다. 이 성단에 있는 별들은 주로 나이가 많아 붉은색을 띱니다. 산개성단은 수십 개에서 수백 개의 별이 흩어져 있는데, 주로 푸른색의 젊은 별들로 이루어져 있어요.

구상성단.

산개성단.

발광성운.

반사성운.

암흑성운.

행성상 성운.

별들 사이에 떠 있는 물질을 성간물질이라고 합니다. 우주 공간은 물질의 양이 매우 적어 진공상태에 가깝다고는 하지만 거의 없다는 표현일 뿐이지 완벽한 진공상태는 아닙니다. 성간물질의 양이 많아서 구름처럼 보이면 그것을 성운이라고 부르지요. 성운에는 발광성운, 반사성운, 암흑성운, 행성상 성운이 있어요.

발광성운은 주위의 뜨거운 별에 의해 가열되어 스스로 빛을 내는 성운을 말합니다. 오리온성운은 발광성운의 대표적인 예입니다. 이 성운 안에서 많은 별이 만들어지고 있습니다.

반사성운은 밝은 별 주변의 성간물질에 의해 산란된 빛이 우리에게 보이는 것입니다. 황소자리의 플레이아데스성단을 둘러싼 성운이 대표적인 반사성운입니다. 먼지는 푸른빛을 잘 산란하는 성질이 있습니다. 성간물질에 의한 산란은 푸른빛의 경우에 잘 일어납니다. 반사성운이 주로 푸르게 보이는 것도 성간물질이 빛을 반사할 때 푸른빛이 주로 산란되기 때문입니다.

암흑성운은 뒤쪽의 성운이나 별에서 오는 빛을 가려 검게 보이는 성운을 말합니다. 암흑성운의 가장 대표적인 것은 말머리성운입니다. 말머리성운은 오리온자리에 위치하고 있어요. 은하수의 가운데에서도 이런 암흑성운을 찾아볼 수 있습니다.

별이 폭발한 후 생기는 성운도 있습니다. 바로 행성상 성운입니다. 행성상 성운의 대표는 물병자리의 쌍가락지성운입니다.

딥 스카이

점점이 보이는 별들 사이로 까만 공간에는 아무것도 없는 듯하지만 사실은 수많은 성운, 성단, 은하가 곳곳에 있습니다. 하지만 몹시 멀리 떨어져 있어서 천체망원경으로 자세히 들여다보아야 보입니다. 맨눈으로 보면 아무것도 없는 듯하지만 실제로는 수많은 천체로 채워진 이런 공간을 딥 스카이(deep sky)라고 부릅니다.

딥 스카이 속에는 수많은 성운과 성단과 은하가 채워져 있습니다. 허블우주망원경으로 찍어 일반

허블우주망원경

미국항공우주국(NASA)과 유럽우주국(ESA)이 주축이 되어 개발한 망원경입니다. 지구에 설치된된 망원경보다 50배 이상 미세한 부분까지 관찰할 수 있어요.

메시에 목록

샤를 메시에가 관측한 109개의 성운·성단·은하가 수록된 목록을 말합니다. 이 목록은 아마추어 천문학자에게 유용한 길잡이가 되었으며, 아직도 메시에 목록 번호는 널리 사용돼요. 이 목록에는 게성운, 플레이아데스성단, 그리고 나선은하인 안드로메다 은하 등과 같은 다양한 항목이 있습니다.

인에게 공개되는 천체 사진들은 모두 딥 스카이를 촬영한 것입니다. 메시에 목록은 딥 스카이를 목록으로 정리해 놓은 것입니다.

은하와 은하수

별이 모이면 성단이 됩니다. 성단과 성운이 모이면 은하가 되지요. 은하는 모양과 특징에 따라 네 가지로 분류해 볼 수 있습니다.

타원은하는 이름처럼 타원 모양의 은하를 말합니다. 그 속에 성간물질이 적어서 새로운 별이 잘 태어나지 않기 때문에, 주로 나이 든 별이 모여 있

타원은하.

나선은하.

막대은하.

불규칙은하.

습니다.

나선은하는 나선 팔을 가지고 있어서 나선은하라고 부릅니다. 타원은하보다는 비교적 많은 성간물질을 가지고 있기 때문에 새로운 별이 더 많이 태어날 수가 있어요.

우리가 살고 있는 태양계가 속해 있는 은하를 우리은하라고 하는데, 우리은하와 안드로메다은하가 바로 이 나선은하에 속합니다.

막대은하는 막대에서 나선 팔이 나온 모양을 하고 있습니다. 불규칙은하는 다른 은하들처럼 뚜렷한 모양이 없이 불규칙한 모양입니다. 마젤란은하가 불규칙은하에 해당합니다.

그렇다면 우리은하는 어떻게 생겼을까요? 우리

광년

진공상태에서 빛이 1년 동안 이동한 거리로 멀리 떨어진 천체들 사이의 거리를 잴 때 쓰입니다. 빛은 진공 속에서 1초 동안 약 30만㎞ 이동하므로, 1년 동안 나아가는 거리는 9조 4,670억 7,782만㎞입니다.

위에서 본 우리은하.

옆에서 본 우리은하.

은하는 나선 모양의 은하입니다. 위에서 보면 나선 모양이고, 옆에서 보면 가운데가 볼록하지요. 우리은하의 크기는 지름이 약 10만 광년이에요. 태양계는 우리은하의 나선 팔 부분에 있는데, 은하의 중심에서부터 약 3만 광년 떨어진 곳에 있습니다.

은하수는 순우리말로 미리내라고도 합니다. 미리내는 용이 사는 물이라는 뜻으로, 용이라는 뜻의 옛말 미르와 개천이라는 뜻의 내가 합쳐진 것입니다. 이 은하수를 중국에서는 은빛 강물과 같다 하여 천은이라고 하고, 서양에서는 우유가 흐르는 길과 같다 하여 밀키 웨이(Milky Way)라고 부릅니다.

정말 하늘에는 물과 같은 액체가 흐르고 있을까요? 은하수의 정체는 무엇일까요?

갈릴레오 갈릴레이
Galileo Galilei, 1564~1642

이탈리아의 수학자, 천문학자, 물리학자입니다. 그는 근대과학의 발전에 많은 공헌을 했으며, 태양이 지구를 돈다는 천동설에 반대하여, 지구가 태양을 돈다는 지동설을 주장했어요. 갈릴레이는 천체 관측에 사용할 수 있는 망원경을 발명했고, 이 망원경으로 달 표면이 평평하지 않으며, 은하수는 많은 별로 이루어져 있다는 사실을 밝혀냈습니다.

■ 우리은하 속의 태양계

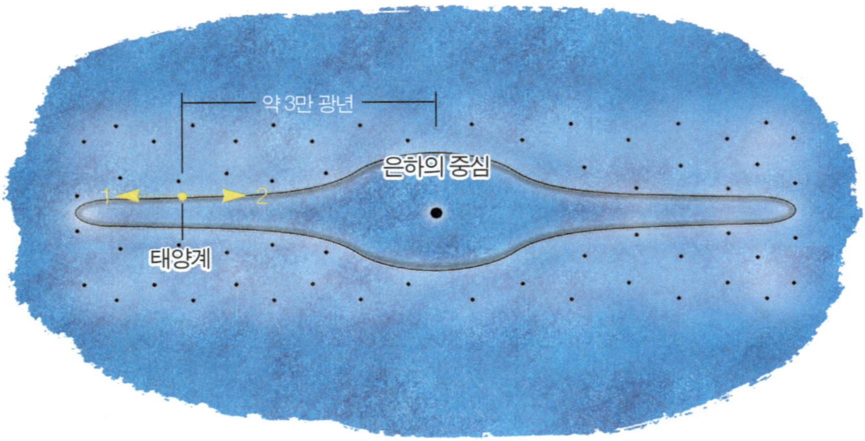

은하수는 사실 별들의 모임입니다. 은하수를 처음 알아낸 사람은 갈릴레오 갈릴레이예요. 자신이 직접 만든 망원경으로 은하수의 정체를 밝혀내었지요. 은하수를 관찰하는 것은 사실 우리은하의 일부를 보는 셈이에요.

별들은 주로 은하의 원반부에 몰려 있습니다. 그래서 그림의 1번이나 2번 방향으로 별을 관측하면 아주 많은 별빛을 볼 수 있습니다. 특히 2번처

럼 은하의 중심부를 향한 상태에서 관측하면 더욱 밝은 은하수를 볼 수가 있지요.

별의 밝기

별이 핵융합 반응이라는 과정을 통해 열과 빛을 내어서 반짝인다는 사실을 알게 되었습니다. 그런데 별들은 모두 똑같은 정도로 밝을까요?

자세히 살펴보면, 별들은 저마다 밝기가 다릅니다. 밝기는 별이 얼마나 활발하게 활동하느냐에 따라 달라집니다. 또 같은 밝기이더라도 모든 별이 지구로부터 같은 거리만큼 떨어져 있지는 않아서 위치에 따라 그 밝기도

■ 별의 밝기와 등급

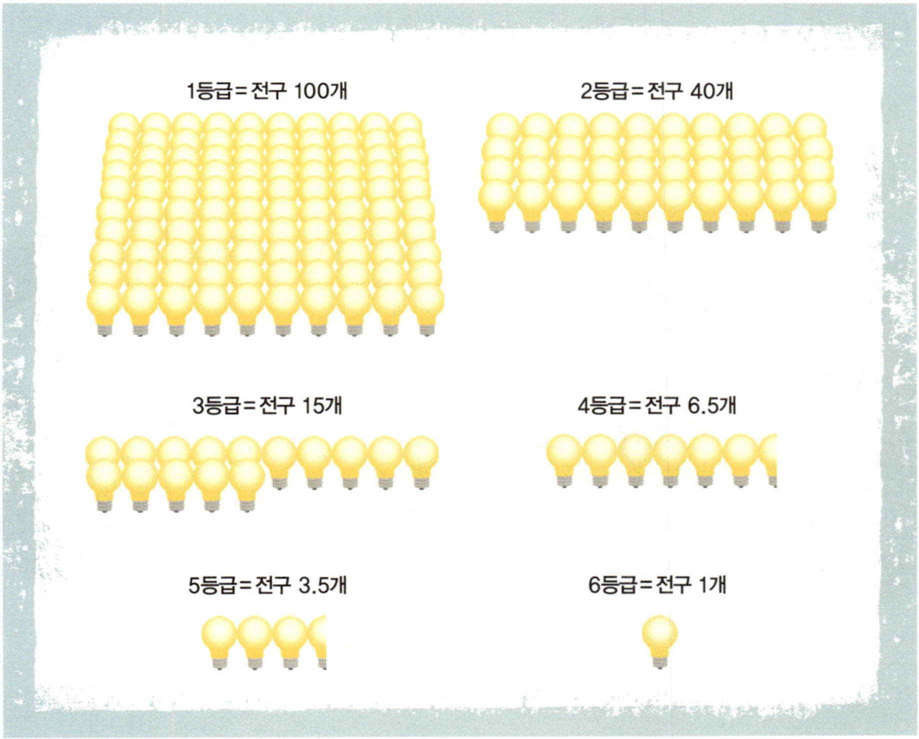

달라집니다.

별은 아주 오랜 옛날부터 사람들에게 관심을 받아 왔습니다. 고대 천문학자들은 별을 밝기에 따라 나누었습니다. 맨눈으로 보아서 가장 밝게 보이는 별은 1등성, 가장 어둡게 보이는 별은 6등성으로 정했습니다. 1등성은 6등성보다 100배 밝습니다.

과학 기술이 발달한 현대에 와서 천문 관측기구를 사용하게 되면서 1등성보다 훨씬 더 밝은 별이 있다는 사실을 알게 되었어요. 그래서 1등성보다 밝은 별은 0등성, -1등성, -2등성 등과 같이 표시하고, 6등성보다 어두운 별은 7등성, 8등성 등과 같이 표시합니다. 별은 등급의 수치가 작을수록 밝은 별입니다.

그렇다면 1등성은 3등성보다 얼마나 밝을까요? 천문학자들은 1등성이 2등성보다 2.5배가 밝다는 사실을 알아냈어요. 1등성은 3등성과 2등급 차이가 나므로 2.5배에 또 2.5배가 밝겠지요. $2.5 \times 2.5 = 6.25$이므로 1등성은 3

등성보다 6.25배 밝습니다.

그런데 우리 눈에 아무리 어두워 보이는 별이라도 실제로는 다른 별보다 훨씬 더 밝은 별이 있습니다. 우리가 보기에 어두운 까닭은 거리 때문이에요. 제아무리 밝은 별이라 해도 지구와 멀리 떨어져 있으면 어두워 보입니다.

따라서 모든 별을 같은 거리에 놓고 본다면 어떤 별이 실제로 가장 밝은지 알 수 있을 것입니다. 맨눈으로 볼 때의 밝기를 실시등급이라 하고, 별의 실제 밝기를 절대등급이라고 합니다. 태양은 지구와 가까이 있기 때문에 아주 밝지만 절대등급은 4.8입니다. 북극성은 태양보다 어두워 보이지만 절대등급은 -3.7입니다. 만약 태양과 북극성이 같은 거리에 있다면 북극성이 태양보다 훨씬 더 밝겠지요?

별은 저마다 자기 자리에 있겠지만, 천문학자들은 이 별을 같은 거리에 두고 밝기를 비교해 보았습니다. 천문학자들은 어떻게 밝기를 계산했을까요?

■ **별의 밝기와 거리의 관계**

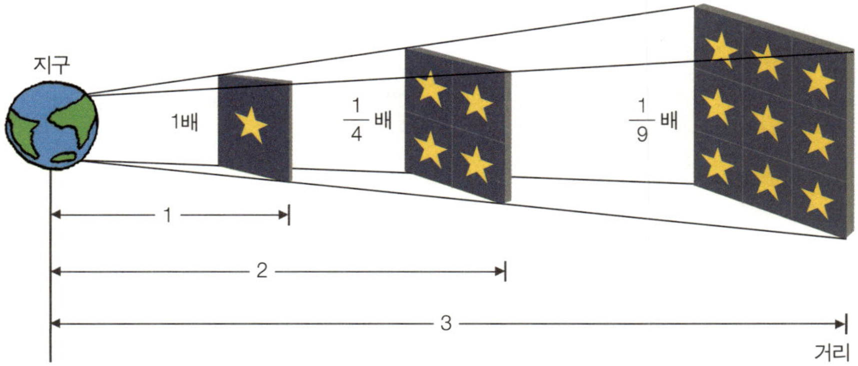

별은 지구와의 거리가 가까울수록 더 밝아 보이고, 멀어질수록 더 어두워 보인다.

지구로부터 1의 거리에 있는 별의 밝기를 1배라고 가정해 보아요. 이 별을 거리가 2배인 위치로 옮겨 놓으면 별의 빛에너지는 4배로 넓어진 면적에 나뉘어 도달하게 됩니다. 같은 면적을 두고 비교하면 별빛은 4분의 1로 줄어들게 되지요.

같은 원리로, 거리가 3배로 멀어지면 밝기는 9분의 1이 됩니다. 만약 별이 3배 더 가까워진다면 거리가 3분의 1이 되고 밝기는 9배가 되겠지요.

별은 원래 있던 위치보다 멀어지면 더 어두워지고, 가까워지면 더 밝아져요. 이때, 그 밝기는 거리의 제곱에 비례해서 어두워지거나 밝아집니다.

별의 색깔과 깜박거림

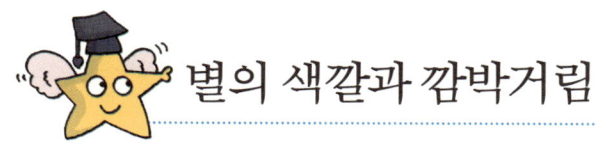

별을 자세히 들여다보면 색깔이 참 여러 가지입니다. 이렇게 별마다 색깔이 다른 이유는 무엇일까요? 별의 색은 무엇과 관계가 있을까요?

별의 색이 다른 이유는 별의 표면 온도에 있습니다.

강철에 열을 주면 처음에는 붉은색이 되지만, 점차 시간이 지나고 더 뜨거워지면 주황색, 흰색을 거쳐 마지막에는 파란색을 띠게 됩니다. 별도 마찬가지입니다. 붉은색 별이 가장 온도가 낮습니다. 온도가 높은 별일수록 노란색에서 점차 흰색을 띠게 됩니다. 파란색 별의 온도가 가장 높습니다.

별의 색깔은 온도에 따라 다양하다.

■ 별의 표면 온도와 색깔

붉은색 별의 온도가 제일 낮고, 파란색 별의 온도가 제일 높다.

태양은 왜 노란색일까요? 태양의 표면 온도 때문입니다. 그렇다면 별들이 각각의 색을 띠게 하는 표면 온도는 몇 도인지 살펴볼까요?

별의 색깔	붉은색	주황색	노란색	황백색	흰색	청백색	푸른색
표면 온도 (℃)	3,500	5,000	6,000	7,000	10,000	25,000	50,000

태양의 표면 온도는 약 6,000℃입니다. 표에서 6,000℃에 해당하는 색이 무엇인지 보세요. 노란색이지요. 표를 보면 별은 각각의 온도마다 각기 다른 색을 띤다는 사실을 알 수 있습니다.

별은 왜 깜빡일까요?

사실 별은 깜빡이지 않습니다. 먼 우주를 여행하고 지구에 도달한 별빛은 대기권을 지나 우리에게 도달합니다. 그런데 대기는 가만히 있지 않고 흔들리고 있습니다. 별빛도 대기를 통과할 때 대기와 함께 흔들려서 깜빡이는 듯 보일 뿐입니다. 실제로 지구에서 천체망원경으로 토성을 자세히 보면 토성이 흔들리는 것을 볼 수 있다고 합니다. 하지만 대기가 없는 달이나 우주 공간에서 별을 관측한다면 별빛은 반짝거리지도 않고 하나의 점으로만 보입니다.

TIP 요건 몰랐지?

별은 왜 밤에만 보일까요?

지구와 가까이에 있는 별과 태양은 낮에도 보입니다. 하지만 그 밖의 다른 별들은 낮에는 보이지 않아요. 왜 그럴까요? 밤뿐만 아니라 낮에도 별을 볼 수는 없을까요?

낮에는 별이 파란 하늘보다 더 어두워서 보이지 않습니다. 태양의 실시등급은 -26.7, 낮 동안 하늘의 실시등급은 약 2등급입니다. 낮 동안의 하늘의 밝기보다 태양의 밝기가 훨씬 더 밝아서 낮에도 태양을 볼 수 있는 것입니다. 낮 동안 하늘의 밝기보다 더 어두운 등급의 별은 관측할 수 없겠지요.

그렇다면 지구에서 볼 수 있는 별은 어떤 별일까요? 어두운 밤하늘을 차지하는 별이 우리 눈에 보입니다. 밤과 낮은 지구의 자전 때문에 생깁니다. 그림과 같이 지구가 자전할 때, 태양을 향하는 지구의 A 쪽은 낮을 경험하고, 태양의 반대 방향을 향하는 지구의 B 쪽은 밤을 경험하게 됩니다. 어두운 밤이 되어야 별을 볼 수 있기 때문에 지구에서는 태양 근처에 있는 별보다는 태양의 반대편에 있는 별, 다시 말해 B 쪽에 있는 별을 보게 됩니다.

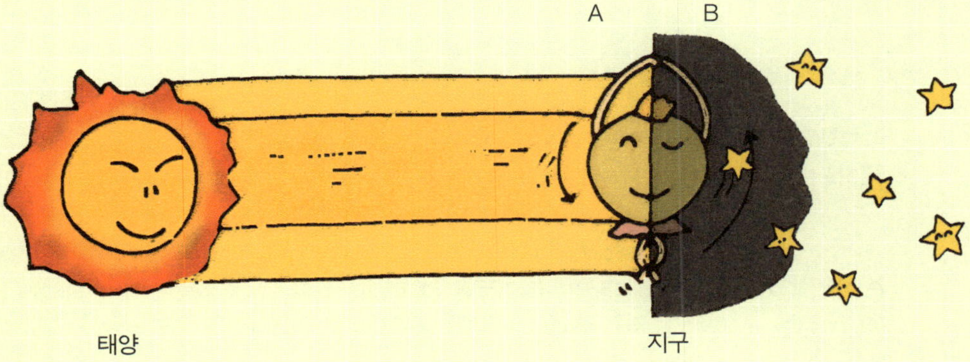

Q&A 꼭 알고 넘어가자!

문제 1 우리은하는 어떤 모양인가요?

문제 2 별의 밝기에도 등급이 있어요. 그렇다면 1등성은 3등성보다 얼마나 더 밝을까요?

3. 별의 색깔이 다양한 이유는 표면 온도 때문입니다. 강철을 가열하면 처음에는 붉은색이 되지만, 점차 시간이 지나고 더 뜨거워지면 주황색, 흰색을 거쳐 파란색이 됩니다. 별도 이와 같습니다. 붉은 별이 온도가 가장 낮습니다. 온도가 높은 별일수록 노란색에서 점차 흰색을 띠고, 파란색 별이 온도가 가장 높은 별입니다.

4. 낮에는 별이 파란 하늘보다 더 어두워서 보이지 않습니다. 태양의 실시등급은 −26.7, 낮 동안 하늘의 밝기는 약 2등급입니다. 낮 동안의 하늘의 밝기보다 태양의 밝기가 훨씬 더 밝아서 낮에도 태양을 볼 수 있습니다. 하지만 낮 동안 하늘의 밝기보다 어두운 등급의 별은 관측될 수 없겠지요.

문제 3 별은 저마다 색깔이 달라요. 별의 색이 다양한 이유는 무엇인가요?

문제 4 지구와 가장 가까이에 있는 별인 태양은 낮에도 볼 수 있지만 다른 별들은 낮에는 보이지 않아요. 왜 그럴까요?

정답

1. 우리은하는 나선 모양의 은하입니다. 위에서 보면 나선형이고, 옆에서 보면 가운데가 볼록한 모양을 하고 있습니다.

2. 천문학자들은 1등성이 2등성보다 2.5배 밝다는 사실을 알아냈어요. 1등성은 3등성과 2등급 차이가 나므로 2.5배에 또 2.5배가 밝겠지요. 그래서 2.5×2.5=6.25이므로 1등성은 3등성보다 6.25배 밝습니다.

관련 교과

초등 5학년 1학기 1. 지구와 달
초등 5학년 2학기 7. 태양의 가족
초등 6학년 1학기 3. 계절의 변화
중학교 2학년 6. 태양계, 8. 별과 우주
중학교 3학년 7. 태양계의 운동

3. 하늘에도 지도가 있어요

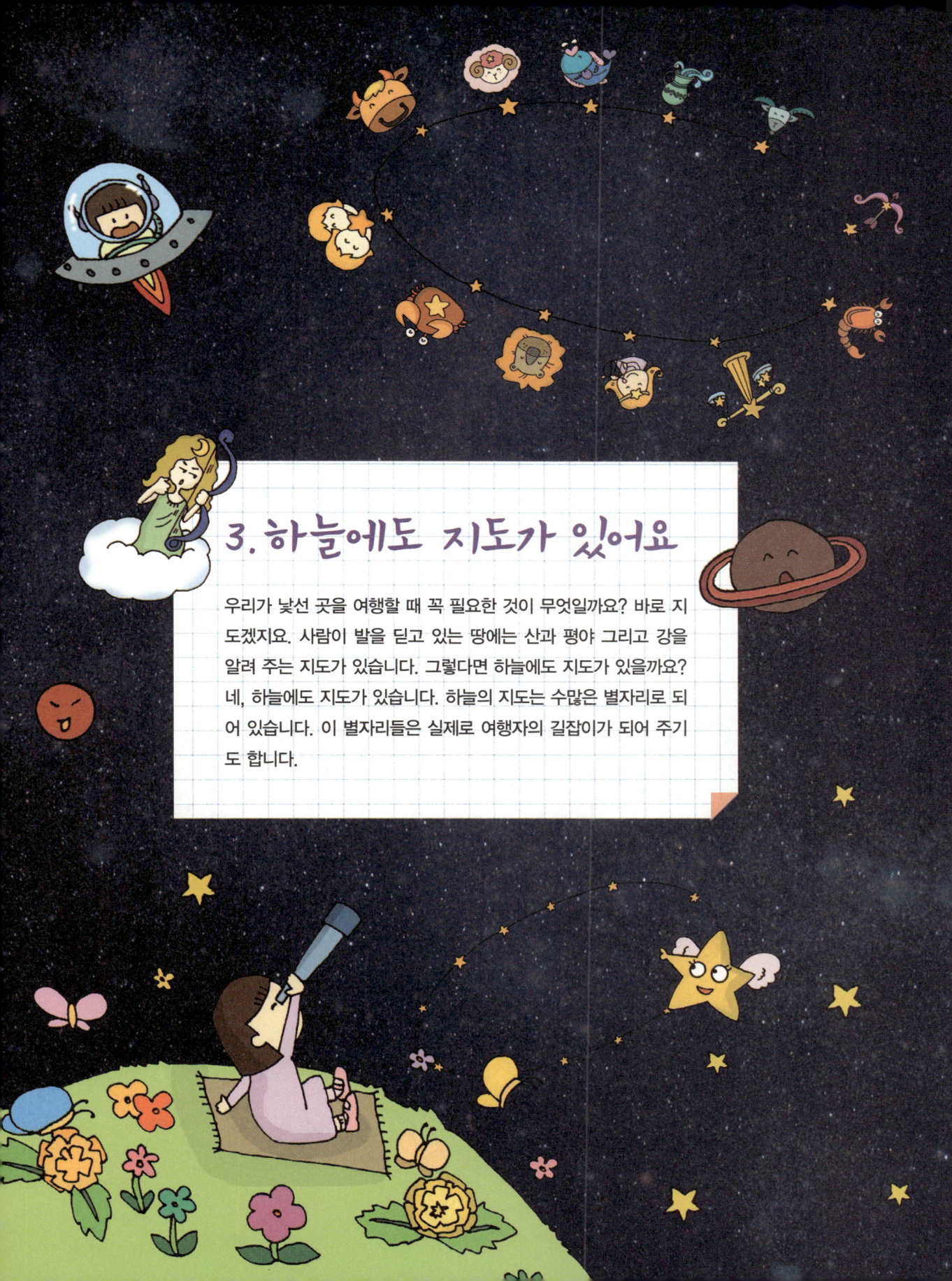

우리가 낯선 곳을 여행할 때 꼭 필요한 것이 무엇일까요? 바로 지도겠지요. 사람이 발을 딛고 있는 땅에는 산과 평야 그리고 강을 알려 주는 지도가 있습니다. 그렇다면 하늘에도 지도가 있을까요? 네, 하늘에도 지도가 있습니다. 하늘의 지도는 수많은 별자리로 되어 있습니다. 이 별자리들은 실제로 여행자의 길잡이가 되어 주기도 합니다.

별자리의 탄생

하늘의 지도는 아주 먼 옛날, 지금으로부터 약 5,000년 전, 지금의 메소포타미아에 살던 양치기들에 의해 맨 처음 만들어졌습니다. 메소포타미아는 지금의 이라크 지역이에요. 밤새 양 떼를 지키던 양치기들은 지루함을 달래기 위해 하늘의 별들을 서로 이어서 사람이나 동물의 이름을 붙이기 시작했습니다.

이것이 훗날 이집트와 그리스에 전해지고, 여러 가지 신화가 얽혀서 더 많은 별자리를 만들어 냈습니다.

그러나 고대 문명이 발달한 곳이 북반구였기 때문에 별자리는 북반구에서 볼 수 있는 것이 대부분이었습니다. 북반구란 적도를 경계로 지구를 둘로 나누었을 때의 북쪽을 가리킵니다.

15세기에 들어서면서 많은 탐험가가 바다를 향해 하고 새로운 대륙을 발견하기 시작하면서 남반구의 별자리가 많이 생겨났습니다.

하지만 처음의 별자리는 나라마다 이름이 달랐어요. 그래서 각 나라의 사람이 만나 별자리에 관해 대화를 나눌 때면 혼란이 생겨서 불편했어요. 이 문제를 해결하기 위해 1922년 국제천문연맹에서는 하늘의 별자리를 정리하여 88개로 정했습니다. 이것이 지금 우리가 사용하는 별자리입니다.

88개의 별자리는 황도 상에 12개, 북반구에는 28개, 남반구에는 48개로 나뉘어 있습니다.

이 중 우리나라에서 볼 수 있는 별자리는 모두 67개입니다.

국제천문연맹

이 연맹은 국제학술연합회의 아래에 있는 조직입니다. 각 나라의 천문학자가 교류하도록 노력하며, 천문학의 연구를 독려하기 위해 제1차 세계 대전 직후인 1919년 7월 벨기에의 브뤼셀에 세워졌습니다. 이때 미국, 영국, 소련 등의 나라가 참가했지요. 2015년 국제천문연맹의 총회는 하와이 호놀룰루에서 열릴 예정입니다.

황도

1년 동안 별자리 사이를 움직이는 태양의 겉보기 경로를 가리킵니다. 사실 황도는 태양 주위를 도는 지구의 궤도가 천구에 비쳐, 마치 태양이 지구를 중심으로 도는 것처럼 여겨졌습니다. 그래서 황도가 태양의 길로 알려졌지요.

북극성 찾기

옛날부터 바다를 항해했던 사람들에게 북극성은 나침반 역할을 하는 매우 중요한 별이었습니다. 그런데 밤하늘의 별들은 모두 비슷해서 별 하나만을 찾기란 매우 어렵지요. 사람들은 도대체 어떤 방법으로 이 북극성을 찾아낼까요?

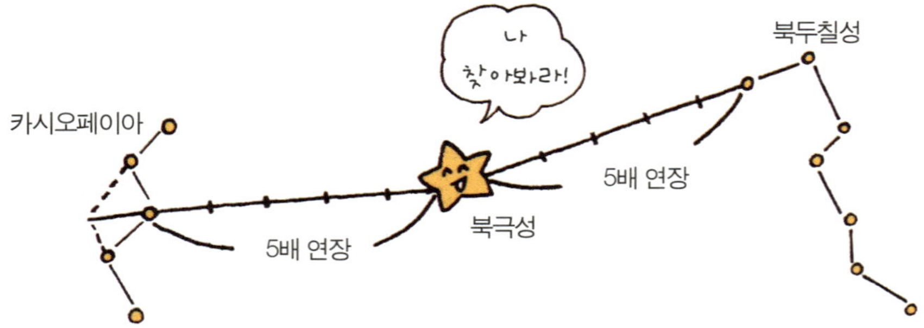

북극성을 찾을 때는 북두칠성과 카시오페이아가 자주 이용됩니다. 북두칠성과 카시오페이아는 북극성을 중심으로 서로 반대편에 있어요. 북두칠성이나 카시오페이아를 먼저 찾은 다음 북극성을 찾아냅니다.

북두칠성을 이용해 북극성을 찾는 방법은 다음과 같아요. 먼저, 국자 모양처럼 생긴 북두칠성을 찾습니다. 그림과 같이 국자 끝 부분을 다섯 배 더 길게 연장해 보세요. 그러면 그 자리에서 아주 밝게 빛나는 별을 발견할 수 있는데, 그것이 바로 북극성입니다.

카시오페이아를 이용하는 경우에는, 먼저 알파벳 W 자 모양의 가운데 점을 뒤로 연장하여 만난 점을 상상해 봅니다. 이 점을 출발점으로 삼아 그림과 같이 다섯 배를 더 연장해 보세요. 그러면 그곳에 북극성이 있습니다.

북극성은 겉으로 보기에 단

하나의 작은 점으로 보이지만 실제로는 태양보다 무려 2,500배나 밝은 아주아주 큰 별입니다. 너무 멀리 떨어져 있어서 하나의 점으로 보일 뿐입니다. 북극성은 지구로부터 약 800광년 정도의 거리에 있다고 합니다. 빛의 속도로 800년을 가야 도달할 수 있는 곳이지요.

또한, 북극성의 고도를 측정하면 현재 내가 있는 지역의 위도와 같아집니다. 북쪽 방향과 내가 서 있는 곳의 위도를 알려 주는 북극성은 참 유용한 별이지요?

그렇다면 남반구에서는 어떤 별로 남쪽을 구분할까요?

북반구에 북극성이 있다면, 남반구에는 남십자성이 있습니다. 북극성은 지구 자전축 상에서 북극의 끝에 걸려 있어요. 마찬가지로, 남십자성은 지구 자전축 중 남극의 끝에 걸려 있는 별입니다. 북극성이 북쪽의 위치를 알려 준다면, 남십자성은 남쪽을 알려 주는 중요한 별이지요.

북반구에 있는 사람들은 남십자성을 볼 수가 없습니다. 지구는 둥글기 때문에 북반구에서는 남극의 하늘을 볼 수 없는 것이지요.

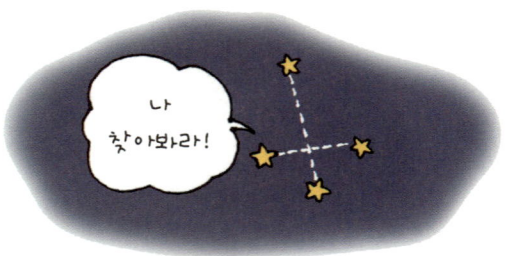

북두칠성으로 시력을 검사해요

고대 로마 시대 때 북두칠성이 군인의 시력을 검사하는 데에 쓰였다는 사실을 알고 있나요? 북두칠성에 있는 여섯 번째 별은 한 개처럼 보이지만 사실은 미자르(Mizar)와 알코르(Alcor)라는 두 개의 별로 되어 있습니다. 이 두 별이 매우 가까이 붙어 있어서 시력이 좋은 사람에게만 분리되어 보인다고 합니다. 고대 로마에서는 군인을 뽑을 때, 시력 검사에서 이 두 개의 별을 구분해야 합격시켰다는 이야기가 있습니다.

계절마다 별자리가 달라져요

공전

한 천체가 다른 천체의 둘레를 일정한 간격을 두고 되풀이하여 도는 것을 말합니다. 행성이 태양 둘레를 돌거나 위성이 행성 둘레를 도는 현상 따위를 가리킵니다.

남쪽의 별들은 매일 동쪽에서 떠서 서쪽으로 지고 있어요. 그런데 이 별들은 모두 같은 별이 아닙니다. 지구가 태양의 주위를 공전하고 있기 때문에 봄, 여름, 가을, 겨울 계절이 바뀔 때마다 새로운 별이 등장하고 사라지지요. 그래서 각 계절마다 잘 보이는 별자리를 계절 별자리라고 합니다.

계절 별자리는 밤 9시에 남쪽 하늘에서 보이는 별자리로 정하고 있습니다. 북쪽 하늘의 별자리는 계절이 달라져도 거의 변하지 않습니다. 북극성을 중심으로 움직이기는 하지만 1년 내내 관측되기 때문이지요. 계절 별자리의 관측 시간을 밤 9시로 정한 것은 너무 이른 초저녁에는 방금 진 태양 때문에 별자리를 정확히 볼 수가 없고, 너무 늦은 밤에는 잠을 자야 하기 때문입니다. 지금부터 각 계절의 별자리를 알아보아요.

봄철 별자리

봄철에 보이는 별자리에는 처녀자리, 사자자리, 목동자리가 있습니다. 잘 살펴보면 그 아래로 가장 긴 별자리인 바다뱀자리도 찾아볼 수 있습니다. 까마귀자리와 사냥개자리도 역시 봄에 보이는 별자리입니다.

북쪽 하늘 높은 곳에는 큰곰자리가 걸려 있습니다. 큰곰의 엉덩이와 꼬리에 해당하는 북두칠성은 봄철 초저녁에 가장 높이 뜹니다. 북두칠성 손잡이를 따라 곡선을 이어 가면 목동자리의 알파성과 처녀자리의 알파성이 커다란 곡선을 이루고 있는데, 이것이 '봄의 대곡선'입니다. 목동자리의 알파성과 처녀자리의 알파성, 사자자리의 베타성이 이루는 삼각형이 '봄의 대삼각형'입니다. 봄의 대곡선과 봄의 대삼각형은 봄철에 별자리 여행의 안내자 역할을 합니다.

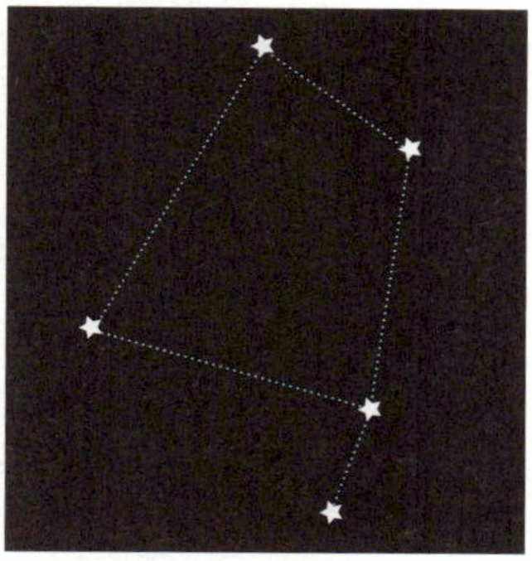

까마귀자리.

알파성

한 별자리에서 가장 밝은 별을 가리키는 말입니다. 별자리마다 알파성이 있습니다.

베타성

별자리에서 알파성 다음으로 밝은 별입니다. 하나의 별자리에서 두 번째로 밝은 별이 되겠지요.

여름철 별자리

여름철 별자리에는 백조자리, 독수리자리, 거문고자리가 있습니다. 헤르쿨레스자리, 왕관자리, 궁수자리도 여름에 보이는 별자리입니다.

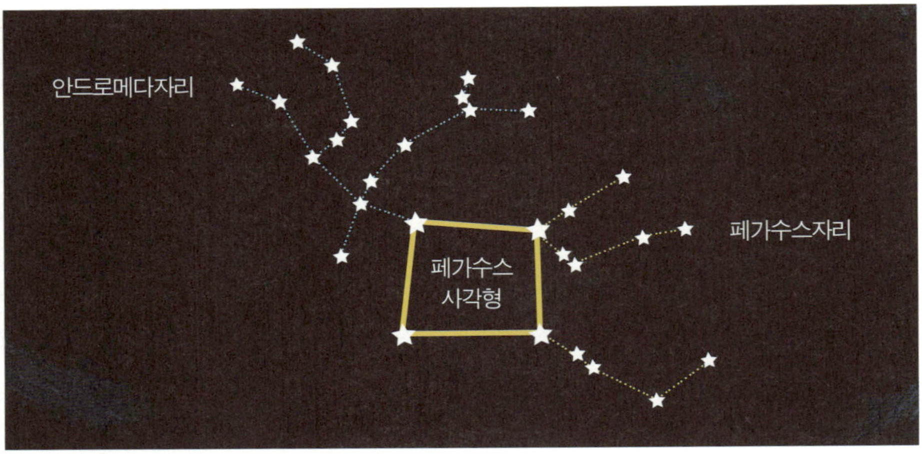

페가수스자리와 안드로메다자리.

8월 중순쯤 되면 밤하늘 꼭대기에서 밝은 알파성 세 개를 볼 수 있습니다. 바로 백조자리, 거문고자리, 독수리자리의 알파성입니다. 이 세 개의 별이 이루는 커다란 삼각형을 '여름의 대삼각형'이라고 합니다.

독수리자리의 알파성인 알타이르와 거문고자리의 알파성인 베가는 우리나라에서 각각 견우성과 직녀성으로 잘 알려져 있습니다. 전설에 의하면 견우와 직녀가 옥황상제의 벌을 받아 은하수를 사이에 두고 멀리 떨어져 살게 되었는데, 1년에 한 번 칠석날에 은하수를 건너 만날 수 있다고 합니다.

가을철 별자리

가을철 별자리에는 페가수스자리, 안드로메다자리, 물고기자리가 있습니다. 고래자리와 물병자리도 가을에 볼 수 있는 별자리입니다.

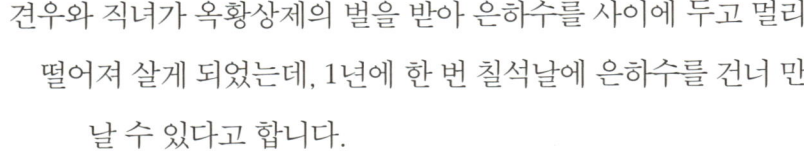

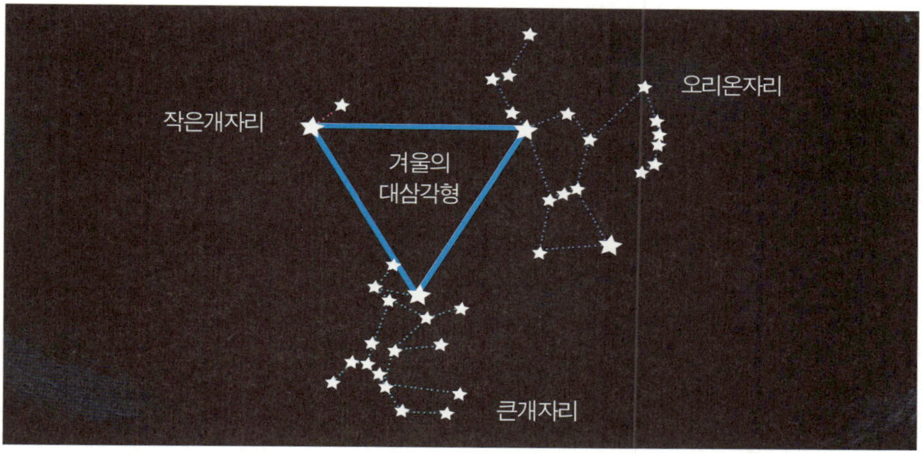

오리온자리와 겨울의 대삼각형.

가을밤에는 페가수스가 남쪽 하늘 높이 날아오릅니다. 페가수스는 그리스 신화의 영웅 페르세우스가 메두사라는 괴물의 목을 잘랐을 때 흘러나온 피에서 태어난 날개 달린 말입니다. 페가수스의 몸통을 이루는 커다란 사각형을 '페가수스 사각형'이라고 합니다. 페가수스 사각형은 가을철 별자리 여행의 출발점입니다.

페가수스 사각형 왼쪽 위로 안드로메다자리가 시작되는데 이 안드로메다자리에는 안드로메다은하가 자리 잡고 있어서 맑은 날 밤에는 맨눈으로도 볼 수 있습니다.

겨울철 별자리

겨울철 별자리에는 오리온자리, 쌍둥이자리, 황소자리, 큰개자리, 작은개자리 등이 있습니다.

겨울밤 남쪽 하늘

에서 가장 먼저 눈에 띄는 것은 오리온자리입니다. 오리온자리는 별자리의 왕자라는 별명답게 밝은 알파성을 두 개나 가지고 있습니다.

오리온자리의 왼쪽 아래에는 큰개자리의 시리우스가 밝게 빛납니다. 시리우스는 밤하늘에서 가장 밝은 별로 실시등급이 무려 -1.47이나 됩니다. 시리우스의 왼쪽 위에는 작은개자리의 알파성이 빛납니다. 작은개자리의 알파성과 오리온자리의 알파성, 그리고 시리우스가 이루는 커다란 삼각형이 '겨울의 대삼각형'입니다.

황도 12궁

자연에 의지하며 살아가던 옛날 사람들에게 태양은 중요한 천체였습니다. 달력이 없던 시절, 사람들은 정확한 계절을 알기 위해 태양의 움직임을 관찰했습니다. 그리고 태양이 일정한 길을 따라 움직인다는 사실을 알아냈

■ 황도 12궁

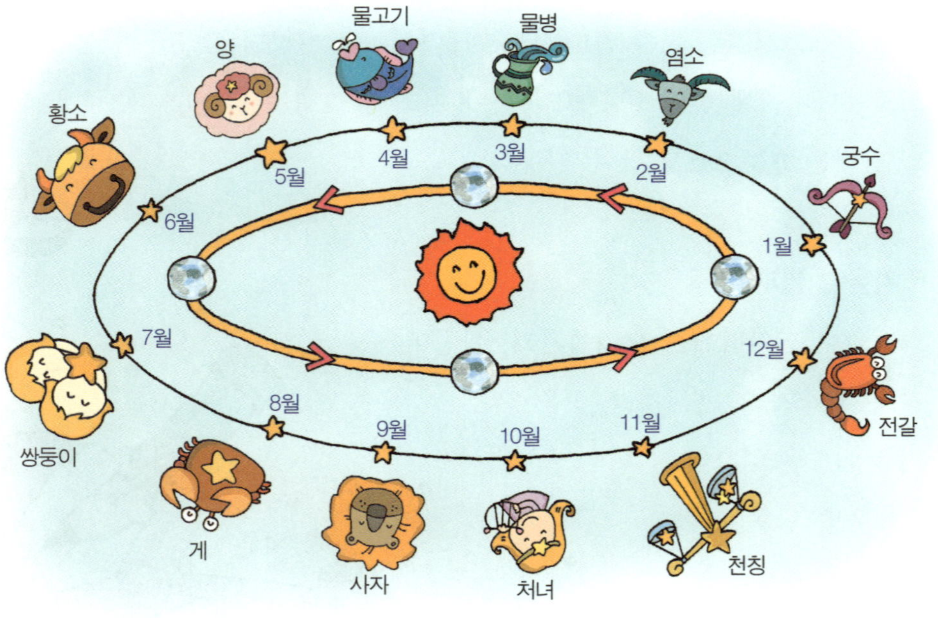

지요. 그 길을 황도라고 합니다. 황도는 노란 길이라는 뜻이지요.

88개의 별자리 가운데 궁수자리, 염소자리, 물병자리, 물고기자리, 양자리, 황소자리, 쌍둥이자리, 게자리, 사자자리, 처녀자리, 천칭자리, 전갈자리, 이렇게 열두 개의 별자리가 황도의 길목에 있습니다. 이 열두 개 별자리를 '황도 12궁'이라고 부릅니다. 태양은 한 달에 한 개씩, 1년 동안에 열두 개의 별자리를 지나갑니다.

옛날 사람들은 태양이 양자리에 오면 봄이 시작되는 것을 알았습니다. 이와 같이 달력이 없던 시절에도 태양이 황도 12궁의 어느 별자리에 있는지 확인하는 방법으로 계절을 알 수 있었습니다.

Q&A 꼭 알고 넘어가자!

문제 1 옛날에 바다를 항해하는 사람들에게 나침반처럼 방향을 알려 주는 별이 있었어요. 그 별은 무엇이고 어떻게 찾나요?

문제 2 계절이 바뀔 때마다 우리가 볼 수 있는 별자리가 달라지는 이유는 무엇인가요?

3. 독수리자리의 알파성인 알타이르가 견우성, 거문고자리의 알파성인 베가가 직녀성입니다.

4. 궁수자리, 염소자리, 물병자리, 물고기자리, 양자리, 황소자리, 쌍둥이자리, 게자리, 궁수자리, 처녀자리, 천칭자리, 전갈자리 이렇게 열두 개의 별자리가 황도의 길목에 있습니다. 이 열두 개를 황도 12궁이라고 부릅니다.

문제 3 우리나라에서 견우성과 직녀성으로 알려진 별들은 어떤 별자리에 있나요?

문제 4 우리에게 알려진 별자리 가운데 황도의 길목을 지나는 별자리는 무엇인가요?

정답

1. 북극성입니다. 북극성을 찾을 때는 북두칠성과 카시오페이아가 기준이 되곤 합니다. 북두칠성과 카시오페이아는 북극성을 중심으로 서로 반대편에 있기 때문에 북두칠성이나 카시오페이아를 먼저 찾은 다음 북극성을 찾아냅니다.

2. 지구가 태양의 주위를 공전하고 있기 때문에 봄, 여름, 가을, 겨울 계절이 바뀔 때마다 새로운 별자리가 등장하고 사라집니다.

관련 교과

초등 5학년 2학기 7. 태양의 가족
중학교 2학년 6. 태양계
중학교 3학년 7. 태양계의 운동

4. 별자리 이야기

별을 보고 있으면 예뻐서 기분이 좋아집니다. 우리가 사는 이 지구가 우주의 전부가 아니라는 사실을 새삼스럽게 깨닫게 되지요. 이 별자리에는 신비롭고 재미있는 이야기가 많이 있습니다. 지금부터 별자리에 얽힌 흥미로운 이야기를 알아보아요.

큰곰자리와 작은곰자리

사람들이 가장 많이 알고 있고 잘 찾아볼 수 있는 별자리는 북두칠성입니다. 1년 내내 여러 곳에서 쉽게 볼 수 있으니까요. 북두칠성은 북쪽 하늘에서 북극성 주위를 돌고 있는 별자리입니다.

북극성은 작은곰자리에서 가장 밝은 별입니다. 북극성은 실제로는 지구에서는 약 800광년이나 떨어진 곳에 있고, 태양보다 몇십 배나 큽니다.

그리스 신화에 의하면, 큰곰자리는 엄마 칼리스토가, 작은곰자리는 그녀의 아들인 아르카스가 변해서 생겼다고 합니다. 신들의 왕 제우스는 칼리

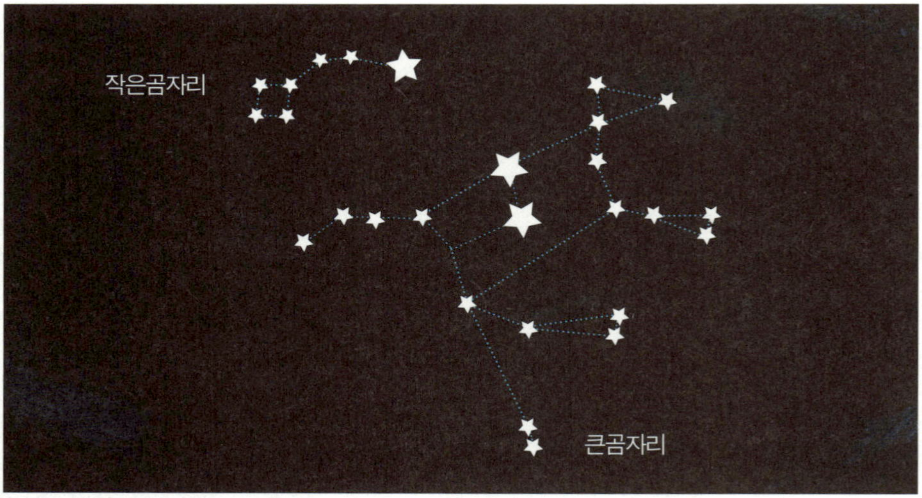

큰곰자리와 작은곰자리.

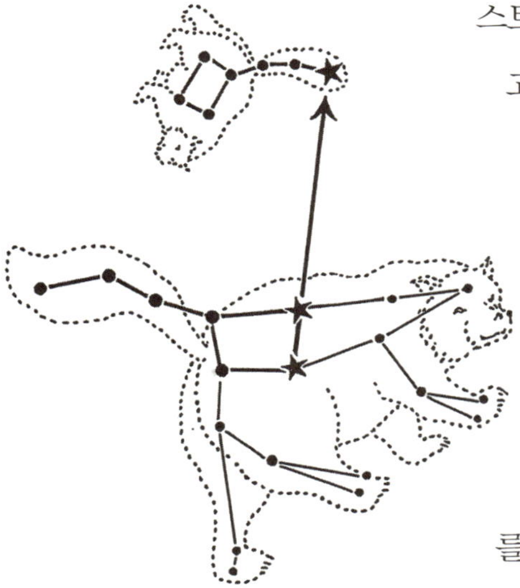

곰자리 안내 그림.

스토의 아름다움에 반해 사랑하게 되었고, 제우스와 칼리스토 사이에서 아르카스라는 아들이 태어났습니다.

그런데 제우스의 아내이자 여신인 헤라가 이를 시기하여 칼리스토를 곰으로 만들어 버렸지요.

곰으로 변한 후, 칼리스토는 아들 아르카스를 그리워하며 그 주위를 맴돌게 되었습니다.

어느 날 아르카스는 곰으로 변한 엄마를 발견했습니다. 하지만 아르카스는 곰이 자신의 엄마인 줄도 모르고 죽이려 했습니다.

이것을 보고 있던 제우스는 아들이 어머니를 죽이는 비극을 막기 위해 아르카스를 곰으로 변하게 한 뒤, 두 마리의 곰을 하늘로 올려 보냈어요.

그 후, 어머니 칼리스토는 큰곰자리, 아르카스는 작은곰자리가 되었습니다.

처녀자리

봄에 보이는 별자리 가운데 처녀자리는 황도 12궁의 여섯 번째 자리입니다. 처녀자리는 황도에 있는 열두 개의 별자리 중에서 두 번째로 큽니다. 봄날 초저녁, 남쪽 하늘을 보면 처녀자리를 볼 수 있어요.

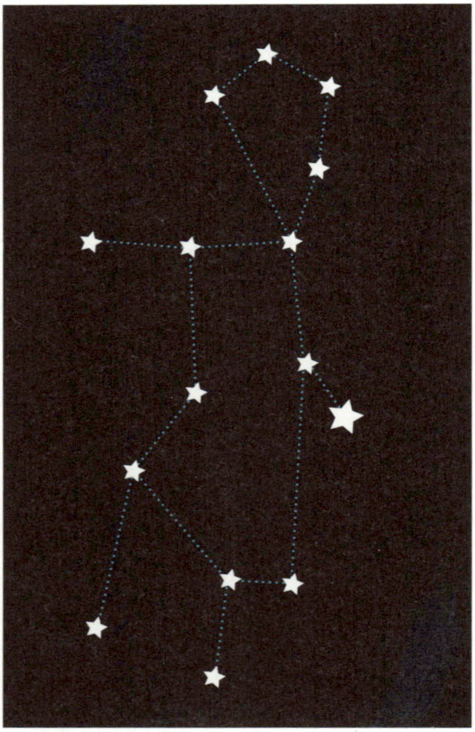
처녀자리.

처녀자리는 페르세포네의 이야기가 들어 있는 별자리입니다. 페르세포네는 대지의 여신 데메테르의 딸이랍니다. 지하 세계의 왕인 하데스는 옥수수 밭을 거닐다가 아름다운 페르세포네를 발견했습니다. 하데스는 페르세포네를 사랑하게 되어 결국 그녀를 지하 세계로 납치하고 말았습니다. 그러자 대지의 여신이자 페르세포네의 어머니인 데메테르는 슬픔에 잠겨 땅을 돌보지 않게 되었습니다. 그 결과, 풍요로웠

던 땅은 점점 황폐해지고 메마르게 되었지요.

땅 위의 모든 사람이 굶주리게 되자 이를 보고만 있을 수 없었던 제우스는 하데스를 찾아가 설득합니다. 그래서 페르세포네는 1년 12개월 가운데 6개월은 지하에서 하데스와, 나머지 6개월은 지상에서 어머니와 함께 살게 되었습니다. 그렇게 하여 매년 봄이면 페르세포네는 하늘의 별자리가 되어 지하 세계에서 동쪽 하늘로 올라오게 되었습니다.

데메테르가 페르세포네를 보내고 슬픔에 잠겨 있으면 추위가 닥치고 풀이 말라 죽었습니다. 그러다가 봄이 되어 페르세포네가 찾아오면 이 세상은 다시 푸르름으로 활기를 되찾았습니다.

사자자리

사자자리는 황도 12궁 가운데 다섯 번째 별자리로 봄철의 초저녁, 남쪽 하늘 높은 곳에서 볼 수 있습니다. 사자의 머리와 가슴에 해당하는 별들이 좌우를 바꾸어 놓은 물음표처럼 생겼기 때문에 눈에 잘 띕니다.

제우스의 아내 헤라는 헤라클레스를 아주 미워했습니다. 그래서 네메아라는 마을 근처의 동굴에 아주 무서운 사자를 보냈습니다. 네메아에서 가장 힘센 장사도 이 괴물 사자 앞에서는 맥을 추지 못했습니다.

온 마을이 두려움에 떨자, 헤라클레스가 괴물 사자를 물리치기 위해 나

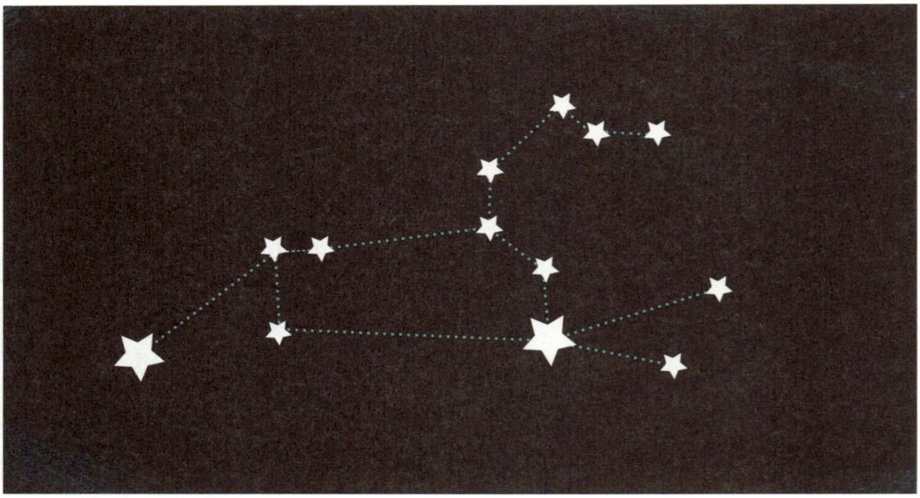

사자자리.

섰습니다. 사자를 발견한 헤라클레스는 힘차게 활을 당겼습니다. 하지만 사자의 가죽이 갑옷처럼 단단하여 화살이 튕겨 나와 땅에 떨어질 뿐이었습니다.

화살과 칼이 소용없다는 것을 알게 된 헤라클레스는 사자의 목을 감아쥐고 사자의 목구멍 깊숙이 주먹을 찔러 넣었습니다. 결국 사자는 숨이 막혀 죽고 말았지요. 사자의 죽음을 가엾게 여긴 헤라는 사자의 영혼을 하늘에 올려 별자리로 만들었습니다.

바다뱀자리

밤하늘의 별자리 중에서 가장 큰 별자리는 무엇일까요? 바로 바다뱀자리입니다. 바다뱀자리는 별자리 중에서 길이와 넓이가 가장 큰 범위를 차지하고 있어요. 게자리, 사자자리, 처녀자리, 까마귀자리 근처를 거쳐 천칭자리 부근까지 길게 뻗어 있습니다.

바다뱀자리는 그 길이가 너무 길어서 별자리의 처음을 찾기는 쉬워도 끝까지 완성하기는 어렵습니다. 바다뱀자리를 찾는 데 도움이 되는 별자리는 사자자리로 봄에 남쪽 하늘에서 발견할 수 있습니다.

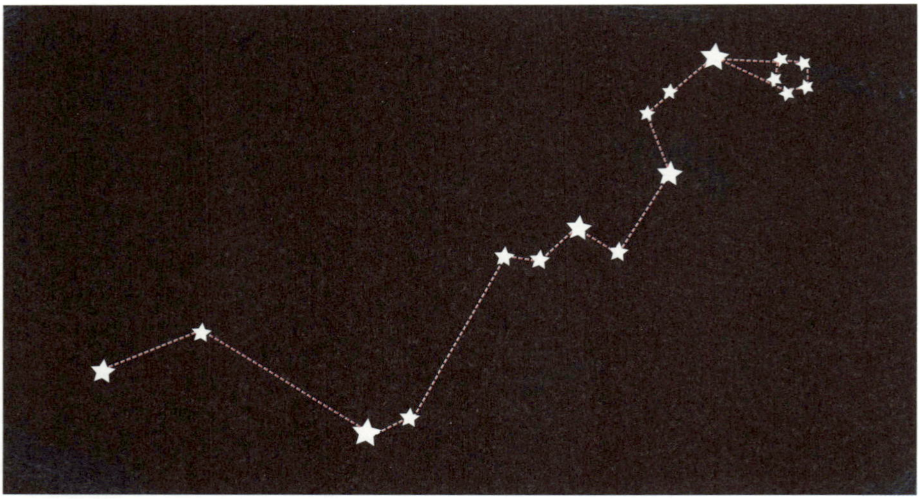

바다뱀자리.

바다뱀은 라틴어로 히드라라고 부릅니다. 바다뱀자리에 얽힌 이야기에 헤라클레스와 히드라가 등장합니다. 그리스 신화에서 히드라는 헤라클레스가 해결하는 열두 가지 과제 가운데 하나에 등장하는 괴물이에요. 히드라는 아홉 개의 머리를 가지고 있는데, 하나의 머리를 자르면 그 자리에 금세 새로운 머리가 생겨납니다.

한 달 동안 히드라와 계속 싸우던 헤라클레스는 드디어 히드라를 없앨 방법을 생각해 냈습니다. 히드라의 머리를 칼로 베어 내고 다시 머리가 자라지 않도록 그 자리를 불로 태워 버린 것이지요. 헤라클레스는 잘라 낸 머리를 불로 태워 버린 다음에야 히드라를 처치할 수 있었습니다. 제우스는 아들 헤라클레스의 승리와 용감함을 드러내기 위해 히드라를 하늘로 올려 보냈는데, 이것이 바다뱀자리가 되었다고 합니다.

백조자리

백조자리는 여름에 보이는 별자리입니다. 백조자리의 중심에는 블랙홀이 있다고 밝혀졌습니다. 이 별자리에 관한 이야기가 몇 가지 있습니다.

제우스는 스파르타의 왕비였던 레다를 사랑하게 되었습니다. 제우스가 레다를 만나러 갈 때 그의 아내 헤라에게 들키지 않기 위해 변신한 모습이 바로 백조라는 전설이 있습니다.

백조자리에 얽힌 또 다른 이야기는 태양신 헬리오스의 아들인 파에톤, 그리고 파에톤의 진실한 친구 시그너스에 관한 것입니다. 파에톤은 친구들

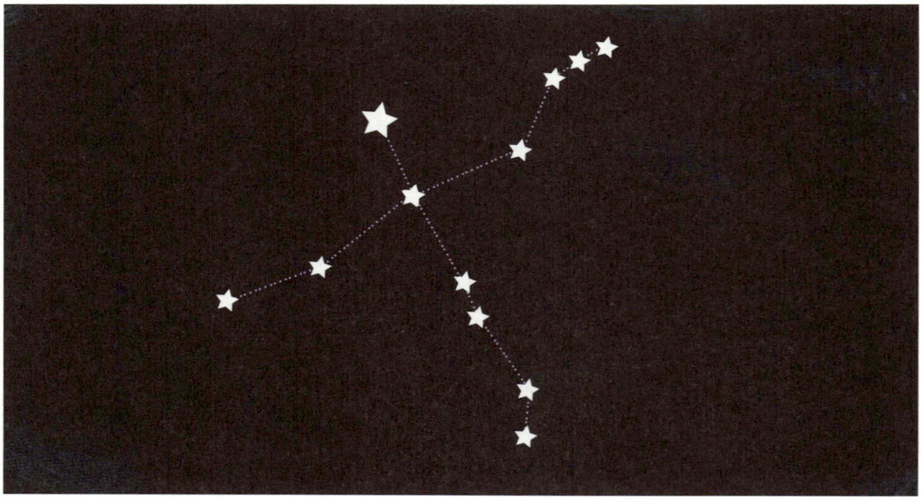

백조자리.

에게 자신이 태양신의 아들이라고 자랑했지만 친구들은 그 사실을 믿어 주지 않았습니다. 그래서 파에톤은 아버지를 찾아가 자신이 태양신의 아들임을 증명하기 위해 아버지의 태양을 실은 마차를 타게 해 달라고 졸랐습니다. 처음에는 반대했던 태양신 헬리오스도 결국은 아들의 고집을 이기지 못했습니다.

하지만 파에톤은 아버지의 마차를 사용할 만한 능력이 없었습니다. 결국, 태양을 실은 마차가 가는 곳마다 불이 나고 말았습니다. 이것을 보고 화가 난 제우스는 파에톤에게 번개를 내렸고, 파에톤은 에리다누스 강에 빠져 죽게 됩니다.

파에톤의 친구 시그너스는 친구를 찾기 위해 강 구석구석을 찾아 헤매다가 드디어 파에톤의 시체를 찾아냈습니다. 제우스는 친구를 향한 시그너스의 진실한 우정에 감동했고, 시그너스를 하늘로 올려 보내 별자리가 되게 했지요. 그것이 바로 백조자리입니다.

물병자리

물병자리는 가을철 남쪽 하늘에서 볼 수 있는 별자리로, 황도 12궁에서 열한 번째입니다. 물병자리는 상당히 커다란 별자리이지만 밝기가 어두운 별로 이루어져 있기 때문에 잘 보이지 않습니다.

물병자리는 가뭄으로 땅이 메말라 있을 때 단비를 내려 주는 고마운 물의 신입니다. 고대 농업 국가였던 이집트와 바빌로니아에서는 이 물병자리를 물의 상징으로 여기며 중요시했습니다. 그리스 신화에서는 제우스의 어린 신하 가니메데스가 메고 있는 병의 모습으로 나타납니다.

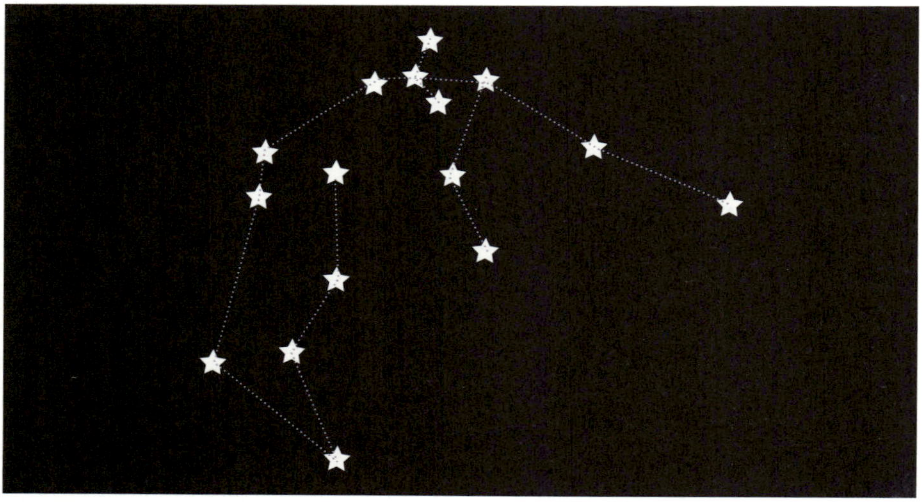

물병자리.

물병자리에 얽힌 이야기는 다음과 같습니다.

어느 날 물의 신은 지상을 휩쓸어 버리기 위해 큰 홍수를 일으켰습니다. 이때 데우칼리온의 아버지는 아들에게 커다란 배를 만들고 그 안에 식량을 가득 준비해 놓으라고 말했습니다. 배 안에서 몇 날 며칠을 지낸 데우칼리온과 그의 아내 피라는 파르나소스 산에 내렸습니다.

세상 사람 모두 홍수에 휩쓸려 사라지고 둘만 남게 되자 데우칼리온은 신에게 새로운 인종이 태어나게 해 달라고 빌었습니다. 그러자 신은 그들을 위해 남자와 여자를 만들어 주었습니다. 그렇게 해서 이 세상에 다시 사람이 살게 되었다고 합니다.

그 후로 물병자리는 사람의 목숨을 쥐고 있는 신으로도 여겨지게 되었습니다.

오리온자리

오리온은 겨울밤의 별자리로 가장 유명합니다.

그리스 신화에 나오는 오리온은 바다의 신 포세이돈의 아들입니다. 그는 잘생기고 힘센 사냥꾼이지요.

오리온자리.

한때 눈이 멀었던 오리온을 태양의 신 아폴론이 치료해 주었습니다. 그러던 중 오리온은 아폴론의 동생이자 달의 여신인 아르테미스와 가까워지게 되었습니다. 아폴론은 오리온이 자신의 여동생과 가깝게 지내는 것이 못마땅했습니다.

어느 날, 아폴론은 바다에서 사냥하고 있던 오리온을 발견하고는 음모를 꾸밉니다. 동생 아르테미스와 활쏘기 내기를 한 것입니다. 아르테미스는 목표물이 오리온인 줄 모른 채 자신의 활을 오리온의 머리에 명중시키고 말았습니다.

아르테미스는 자신이 맞춘 것이 오리온이었다는 사실을 알고는 큰 슬픔에 빠지게 됩니다. 제우스는 아르테미스의 슬픔을 달래 주기 위해 오리온을 밤하늘의 별자리로 만들어 주었습니다.

별자리도 변할까요?

별자리는 저마다 독특한 이미지를 가지고 있습니다. 별자리는 여러 개의 별로 이루어져 있으며, 천정에 붙여 놓은 야광별처럼 모두 제자리에 고정되어 있지도 않습니다. 실제로 별들은 매우 빠른 속도로 저마다 다른 방향을 향해 움직입니다. 지구로부터의 거리나 밝기도 저마다 제각각입니다.

그러나 별들이 지구에서 너무 멀리 떨어져 있기 때문에 맨눈으로 보아서는 별의 움직임이 잘 보이지도 않고, 거리나 밝기의 차이도 잘 느껴지지 않습니다. 하지만 수십만 년의 시간이 지나면 별자리는 지금의 모습과는 전혀 다르게 바뀌어 있을 것입니다.

현재의 별자리도 수십만 년이 흐르면 다른 모습으로 바뀔 것이다. ⓒ Matt Wier@the Wikimedia Commons

TIP 요건 몰랐지?

고인돌에 별자리가 있어요

고인돌은 선사시대의 돌무덤 유적이며, 유럽과 아시아를 비롯하여 영국 제도, 북아프리카에 이르기까지 널리 분포되어 있습니다. 우리나라에는 전 세계 고인돌의 약 40퍼센트가 분포되어 있어요.

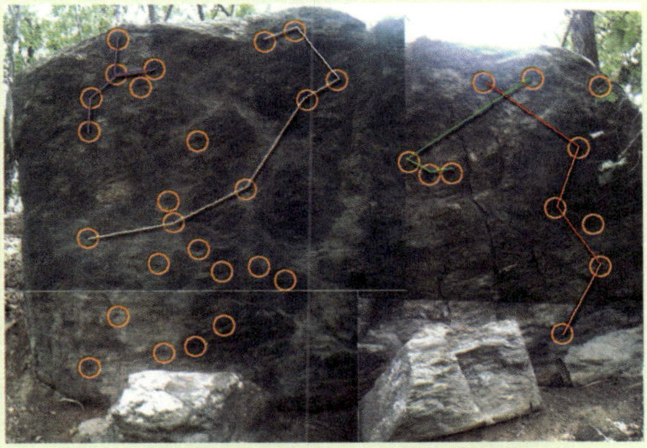
서울 관악구 신림동의 고인돌군에서 발견된 별자리들.

그런데 별자리가 새겨진 고인돌이 우리나라의 곳곳에 많이 분포해 있다는 사실을 알고 있나요?

평안남도 증산군 용덕리에 있는 10호 고인돌에서 별자리 무늬가 발견되었습니다. 돌의 중앙에는 북극성이, 그 주위에는 80개의 별이 표시되어 있습니다. 이 별자리는 기원전 2800~3000년경의 것이라고 합니다.

이처럼 별자리가 새겨진 고인돌은 주로 북한 대동강 유역에서 발견되고 있습니다. 또한, 남한의 대구 동내동, 경기도 영천, 서울 관악구에 있는 고인돌 등 우리나라에 있는 많은 고인돌에서 북두칠성의 모양을 새긴 흔적이 발견되었습니다.

고인돌에서 발견된 별자리 무늬는 청동기 시대부터 이미 하늘을 관측했다는 사실을 알려 줍니다. 우리 고대 문명의 수준이 상당히 높았음을 증명하는 것이기도 합니다.

별자리는 청동기 시대의 고인돌뿐만 아니라 고구려의 무덤에서도 발견되었습니다.

Q&A 꼭 알고 넘어가자!

문제 1 황도 12궁의 별자리 중에서 두 번째로 큰 별자리는 무엇이며, 어떤 특징이 있나요?

문제 2 밤하늘의 별자리 중에서 가장 큰 별자리는 무엇인가요?

3. 백조자리입니다. 백조자리는 여름에 볼 수 있는 별자리입니다.

4. 별들이 지구에서 너무 멀리 떨어져 있기 때문에 맨눈으로 보아서는 별의 움직임이 잘 보이지도 않고, 거리나 밝기의 차이도 잘 느껴지지 않습니다. 하지만 수십만 년이 지나면 별자리는 지금의 모습과는 전혀 다르게 바뀌어 있을 것입니다.

문제 3 여름에 볼 수 있으며, 블랙홀이 있는 별자리는 무엇인가요?

문제 4 별들은 저마다 빠른 속도로 움직이는데 우리가 보는 별자리는 항상 그 자리에 있는 듯합니다. 무슨 이유 때문일까요?

정답

1. 처녀자리입니다. 처녀자리는 5월 봄날 남쪽 하늘에서 볼 수 있습니다. 목동자리의 알파성과 처녀자리의 알파성이 이루는 커다란 곡선을 봄의 대곡선이라고 합니다.

2. 바다뱀자리입니다. 바다뱀자리는 길이와 넓이 면에서 가장 큰 범위를 차지하고 있어요. 게자리, 사자자리, 처녀자리, 까마귀자리 근처를 거쳐 천칭자리 부근까지 길게 뻗어 있습니다.

관련 교과

초등 5학년 2학기 7. 태양의 가족
중학교 2학년 8. 별과 우주
중학교 3학년 7. 태양계의 운동

5. 별을 관찰하는 도구들

책이나 텔레비전에서 본 별이 몹시 예뻐서 실제로 가까이 보고 싶은 마음이 들 때도 있지요? 하지만 막상 하늘을 보면 책이나 텔레비전에서 본 것처럼 자세히 볼 수 없어요. 도대체 별들은 어디에 숨어 있을까요? 이렇게 잘 보이지 않는 별들을 자세히 보고 싶어서 사람은 망원경이라는 도구를 만들었습니다.

별을 자세히 관찰해요

별을 관찰하기 좋은 조건

반짝반짝 예쁜 별들을 집 안에 앉아 볼 수 없는 이유는 별빛이 약해서입니다. 별빛은 매우 약해서 주위가 아주 어둡지 않으면 쉽게 볼 수가 없어요. 우리가 사는 도심에서는 가로등이나 건물에서 나오는 불빛이 너무 밝아 별을 잘 관찰할 수 없습니다.

그렇다면 별을 관측하기 위해 어디로 가야 할까요? 먼저, 장애물이 없는 넓은 곳으로 가야 합니다. 그리고 별빛 외에 다른 불빛이 없는 곳이어야 합니다. 환한 빛을 발하는 보름달이 뜨는 날도 피해야겠지요.

구름이 끼거나 공해가 심해도 별을 보기 힘듭니다. 강이나 호수 근처에는 여름이 되면 안개가 생기기도 하기 때문에 별을 관측할 때에는 강과 호수 근처도 피해야 좋습니다.

달빛이 없는 맑은 날, 도시보다는 공기가 맑은 시골의 들판이 별을 관찰하기에 가장 좋습니다. 별자리 지도를 가지고 가면, 어떤 별자리가 있는지도 쉽게 알아볼 수가 있지요.

천문대

더 좋은 환경에서 더 나은 천문 관측을 하기 위해 천문학자도 고민을 많

미국의 팔로마산 천문대.

우리나라의 보현산천문대.

이 했습니다. 별을 관측하기 위한 최고의 대기 조건과 좋은 기구를 갖추려는 노력의 결과로 유명한 팔로마산 천문대가 설립되었습니다. 미국의 캘리포니아 주에 있는 팔로마산 천문대는 공사 기간이 무려 20년이나 걸렸다고 합니다.

미국뿐만 아니라 우리나라에도 천문대가 여러 곳에 있어요. 영천에 있는 보현산천문대, 소백산 연화봉에 있는 소백산천문대, 대전의 대덕연구단지에 있는 대덕전파천문대 등이지요. 보현산천문대에는 우리나라에서 가장 큰 망원경이, 대덕전파천문대에는 전파망원경이 있습니다.

우리 조상들이 지은 천문대

우리의 조상도 별을 탐구하기 위해 다양한 노력을 했습니다. 천상열차분야지도, 첨성대, 혼천의 등이 그 예입니다.

천상열차분야지도는 하늘의 별자리를 차례대로 나눈 그림으로 조선시대

천상열차분야지도.

첨성대.

에 만들어졌습니다. 첨성대는 우리나라 국보 31호로 경주에 있지요. 동양에서 제일 오래된 천문대이며, 신라 선덕여왕 때 만들어졌습니다.

혼천의는 세종대왕 시대에 처음 만들어진 천체 위치 측정기로 해와 달 등 여러 천체의 위치를 측정하는 데 사용했습니다. 하지만 임진왜란 때 사라져 현재 그 모습을 정확히 알 수는 없습니다. 현재 남아 있는 혼천의는 17세기에 조선의 천문학자였던 송이영이 만든 혼천시계 중 혼천의 부분입니다. 현재 이 혼천시계는 국보 230호로 지정되어 있습니다.

혼천의.

별을 보는 또 다른 눈

우리의 맨눈으로는 별을 보는 데 한계가 있어요. 망원경 덕분에 우리는 별의 정체도 알게 되었고, 별의 아름다움을 보며 우주가 얼마나 거대한지 상상할 수 있게 되었지요.

천체를 관측하는 망원경에는 굴절망원경, 반사망원경, 전파망원경 등이 있습니다.

굴절망원경과 반사망원경

굴절망원경과 반사망원경은 모두 대물렌즈와 접안렌즈 두 부분으로 구성되어 있습니다. 굴절망원경이냐 반사망원경이냐에 따라 대물렌즈에 쓰이는 렌즈의 종류가 달라집니다.

대물렌즈는 별빛을 향해 있어서 별빛을 모아 줍니다. 굴절망원경의 대물렌즈는 볼록렌즈로 되어 있어서 빛을 굴절시켜 모으고, 반사망원경의 대물렌즈는 오목거울로 되어 있어서 빛을 거울에서 반사한 다음에 모으지요.

접안렌즈는 이렇게 모아진 별빛을 우리 눈이 볼 수 있도록 확대해 줍니다.

굴절망원경과 반사망원경은 렌즈나 거울과 같은 광학 기구를 사용하기 때문에 이 둘을 광학현미경이라고 부릅니다.

굴절망원경. ⓒ H. Raab@the Wikimedia Commons 반사망원경.

전파망원경

광학망원경이 우주에서 오는 빛을 관측한다면, 전파망원경은 우주에서 오는 신호를 관측합니다. 전파망원경은 우리 눈에 보이는 가시광선뿐만이 아니라 전파 신호를 찾아내서, 광학망원경보다 더 정확하게 관측할 수 있게 해 줍니다. 실제로, 우주에는 가시광선이 아닌 강한 전파 신호를 내는 천체도 있습니다. 이것을 관측하기 위해 전파천문학과 전파망원경이 함께 발달했어요.

천체를 관측하는 망원경 가운데 허블우주망원경을 빼놓을 수 없습니다. 허블우주망원경은 미국항공우주국(NASA)과 유럽우주기구(ESA)가 중심이 되어 함께 개발했습니다. 허블우주망원경을 사용하면 지구에 설치된 망원경을 사용할 때보다 50배 이상 자세히 관찰할 수 있습니다.

전파망원경.

허블우주망원경.

천체망원경의 구조

천체망원경은 크게 경통, 가대, 다리로 이루어져 있습니다. 다리는 삼각대이지요.

경통에는 렌즈나 거울과 같은 중요한 광학 부품들이 달려 있어서 빛을 모으고 확대하여 상을 만드는 역할을 합니다. 가대는 경통을 받쳐 주고, 삼각대로 된 다리는 가대와 그 위에 있는 경통이 흔들리지 않게 고정해 주는 역할을 합니다.

우주를 측정하는 단위

우주에서 쓰는 단위

우주여행을 시작하게 되면, 지구에서의 단위는 큰 의미가 없어집니다. 우주는 지구와 비교하면 정말 엄청나게 거대하니까요. 밤하늘의 작은 점에 불과한 저 별들도 실제로는 태양보다 훨씬 큰 것들이 많습니다. 따라서 우리가 단위를 표현할 때 쓰는 미터나 킬로미터로는 우주의 규모를 설명하기 어렵습니다.

그래서 길이를 큼직하게 재어 줄 수 있는 새로운 단위가 필요해졌고, 그에 따라 새로운 거리의 단위가 생겼습니다. AU, 광년, 파섹(pc) 등이 바로 그 단위들입니다. 별까지의 거리를 표현하는 데에는 주로 광년이나 파섹을 사용합니다.

AU와 광년

AU란 astronomical unit의 준말로, 천문단위라고 읽습니다. 지구에서 태양까지의 거리를 기준으로 삼아서 만든 단위입니다. 1AU는 약 1억 5,000만km와 같습니다. 이 단위를 사용하면 태양에서 금성까지의 거리는 0.72AU, 태양에서 화성까지의 거리는 1.5AU가 됩니다.

태양계를 벗어나면 거리의 표현은 더욱더 거대해집니다. 그래서 나온 단

위가 빛의 빠르기를 사용한 광년입니다. 1광년은 빛의 속도로 1년을 가는 거리를 말합니다. 빛의 빠르기는 1초에 30만㎞이고, 1년은 365일에, 24시간과 3,600초를 포함하므로 계산해 보면 다음과 같습니다.

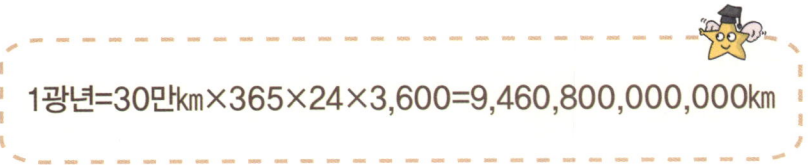

1광년=30만㎞×365×24×3,600=9,460,800,000,000㎞

무려 약 9조 4,600억㎞입니다. 정말 읽기도 힘든 숫자이지요? 하지만 별들 사이의 거리는 이보다 더 거대하므로 광년을 써서 표기하는 편이 편리합니다.

별을 사랑한 사람들

아주 먼 옛날에 사람들은 과학과 철학 그리고 종교를 지금처럼 분리하지 않고 하나로 여겼습니다. 하늘에서 일어나는 일들을 과학적으로 관찰하고 해석하기보다는 자연과 신의 뜻이 나타나는 것이라고 생각했습니다. 그래서 별자리나 기상 현상도 신화에 나오는 이야기대로 받아들였어요.

시간이 지남에 따라 자연에 대한 지식이 점점 늘어나고 축적되면서 사람들은 과학적으로 판단하는 능력을 갖추게 되었지요. 그리고 과학의 여러 분야가 발달하여 오늘의 천문학이 등장했습니다.

아리스토텔레스
Aristoteles

고대 그리스의 철학자이자 과학자로, 플라톤의 제자이며, 알렉산더 대왕의 스승입니다. 그는 자연과학과 철학을 포함한 다양한 주제로 책을 썼고, 소크라테스·플라톤과 함께 고대 그리스의 가장 위대한 학자로 평가받습니다. 자연과학에 대한 아리스토텔레스의 견해는 중세 학문에 깊은 영향을 주었고, 이러한 그의 견해는 뉴턴 물리학이 등장하기 전까지 커다란 영향을 끼쳤어요.

아리스토텔레스와 뉴턴

지금처럼 저 광활한 우주로 나가기까지는 많은 과학자의 노력이 있었습니다. 고대의 뛰어난 철학자이자 교육자이면서 과학자였던 아리스토텔레스는 하늘에 있는 모든 천체는 변하지 않는다고 생각했어요. 뉴턴은 우주가 무한하다고 생각했지요.

이 이론들 모두가 틀렸다는 사실이 밝혀졌지만, 지금의 과학으로 발전하는 발판이 되어 주었습니다. 과학자들은 과거의 법칙과 이론을 수정하고, 보완하고, 발전시키면서 지금의 우주론을 탄생시켰습니다.

티코 브라헤, 아인슈타인, 스티븐 호킹

16세기 덴마크의 관측천문학자 티코 브라헤는 30년 동안이나 하늘을 관찰하며 별을 탐구했습니다. 그가 오랜 시간 쌓아 놓은 자료들은 후에 천문학의 큰 거름이 되었지요.

저 광활한 우주를 탐구한다는 것은 정말 많은 시간과 인내심이 필요합니다. 천재 과학자 아인슈타인은 시간과 공간이 휜다는 매우 믿기 어려운 과학 이론을 소개했습니다.

스티븐 호킹은 광활한 우주 속에서 일어나고 있는 일을 우리에게 알려 주었고요.

티코 브라헤
Tycho Brahe, 1546~1601

천문학 기구를 개발하여 훗날 여러 가지 천문학 발견의 토대를 만들었습니다. 망원경이 발명되기 전까지는 티코 브라헤의 관측 기록이 가장 정밀했습니다. 그는 천문학자로서 여러 천문대를 건설했고, 방대하고 정밀한 관측 기록을 남겼습니다.

스티븐 호킹
Stephen Hawking, 1942~

영국의 이론물리학자입니다. 그는 우주론과 양자 중력 연구 부분에 크게 기여했으며, 자신의 이론을 여러 과학책에 써 냈습니다. 그중 《시간의 역사》가 가장 많은 사랑을 받았지요. 스티븐 호킹은 스물한 살 때부터 큰 병을 앓아 왔지만 갈릴레이, 뉴턴, 아인슈타인의 계보를 잇는 뛰어난 물리학자가 되었습니다.

우주의 끝은 어디일까요?

우주의 시작

우주는 처음부터 지금처럼 있었을까요, 아니면 사람처럼 어느 순간 태어났을까요? 과학자들에 따르면 우주는 작은 점에서 시작되었다고 합니다. 이 작은 점이 폭발하면서 지금의 별, 은하, 우주를 형성하게 되었다고 해요. 이와 같은 이론을 우주의 대폭발설 또는 빅뱅 이론이라고 합니다.

우주가 지금과 같은 상태로 팽창하기 위해서는 처음에 엄청난 양의 우주 질량이 한 점에 압축되어 있었다는 뜻이지요. 이러한 점을 빅뱅 이론에서는 특이점이라고 부릅니다. 엄청난 양의 질량이 한 곳에 있다가 폭발하게 되었을 때는 정말 어마어마한 에너지가 방출되었을 것입니다.

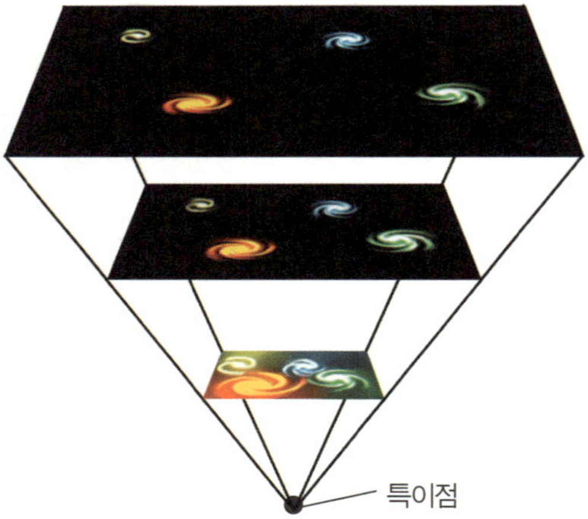

엄청난 양의 질량이 한 곳에 있다 폭발하여 우주가 만들어졌다는 이론이 빅뱅 이론이다.

그렇다면 그 에너지들은 지금 어디로 갔을까요? 그리고 지금의 우주는 어떻게 되고 있을까요?

과학자들에 따르면 지금 우주는 팽창하고 있다고 합니다. 마치 풍선이 부풀어 오르듯 우주가 커지고 있다는 뜻입니다. 그래서 우주에 있는 은하들은 대부분 서로 멀어지고 있습니다. 게다가 멀리 떨어진 은하일수록 우리와 더욱 빠르게 멀어지고 있습니다. 물론 예외도 있어요. 어떤 은하들은 서로 가까이에 있어서 각자의 중력이 더 큰 영향을 미칩니다. 이런 경우에는 서로 멀어지지 않고 가까워지기도 합니다.

우주는 팽창하고 있어요

우주는 무한할까요, 유한할까요? 만약 우주가 무한하다면 그 속에 있는 별들도 무한하게 많겠지요. 그렇다면 우주가 지금보다는 더 밝을 것입니다. 하지만 우주는 깜깜해요. 이런 이유 때문에 과학자들은 우주가 무한하지 않고 유한하다고 생각합니다.

우주의 끝은 어디일까요? 과학 이론에 따르면, 우리가 속한 우주에는 끝이 있습니다. 그 끝을 알면 우주의 나이도 상상해 볼 수가 있어요. 과학자들은 우주의 나이가 최소한 130억 년은 되었다고 합니다. 이 말은 현재 하늘에서 130억 광년 이상 떨어진 별이 발견되지 않는다는 뜻이기도 합니다.

우주의 끝에는 무엇이 있을까요? 우주 밖에는 다른 우주가 있을까요? 만약 다른 우주가 있다면 이것들을 연결하는 통로는 어디에 있을까요? 우주에 대한 상상과 의문점은 더욱더 커져만 갑니다. 여러분 중에도 분명 미래의 과학자가 있을 거예요. 여러분의 기발하고 지혜로운 생각으로 우주를 연구해 보세요.

TIP 요건 몰랐지?

천체망원경의 구조

천체망원경에 있는 각 부분의 역할은 다음과 같아요. 그림과 글을 잘 연결해 보세요.

① 경통: 렌즈를 보호하고, 옆에서 오는 다른 빛을 막아 주며, 대물렌즈와 접안렌즈를 연결하는 통입니다.

② 탐색경: 넓은 하늘에서 관측하고자 하는 목표물을 쉽게 찾을 수 있도록 도와줍니다. 파인더라고도 해요.

③ 대물렌즈: 천체에서 오는 빛을 모아 주는 역할을 합니다. 대물렌즈가 클수록 빛을 모으는 능력과 분해하는 능력이 좋아서 작은 별빛도 잘 관찰할 수 있습니다.

④ 접안렌즈: 대물렌즈로 모은 상을 확대하여 눈으로 볼 수 있게 해 줍니다.

⑤ 균형추: 기울어져 있는 천체망원경이 무게중심과 균형을 잡을 수 있게 해 줍니다.

⑥ 가대: 망원경의 무게를 지탱해 주고, 목표물을 향해 경통을 움직이는 데 사용합니다.

⑦ 삼각대: 세 개의 다리로 되어 있어 천체망원경을 지지해 줍니다. 가대를 받치고 수평을 유지하는 역할을 합니다.

TIP 요건 몰랐지?

저 별은 과거의 별

빛은 1초에 무려 30만km나 나아갈 만큼 매우 빠릅니다. 하지만 빠르다는 표현 자체는 어떤 거리를 가는 데에 시간이 걸린다는 뜻이기도 합니다. 생활 속에서 우리가 어떤 물체를 인식할 때에는 빛이 순식간에 눈에 도달하기에 시간이 걸린다는 사실을 깨닫지 못하지만 우주로 나가면 이런 상황은 달라집니다.

우리가 보고 있는 별 가운데 많은 것이 이미 죽은 별이라면 믿을 수 있나요? 별이 죽으면서 내뿜는 빛이 제아무리 빨라도 지구에 도달하려면 오랜 시간이 걸립니다. 그러므로 저 별들 가운데 많은 별은 이미 죽고 사라졌을 수도 있습니다.

북극성은 지구로부터 800광년이나 되는 거리에 있어요. 가장 빠른 빛의 속도로 간다 해도 800년이 걸려야 도달할 수 있는 곳이 북극성이지요. 그러므로 북극성에서 대폭발이 일어난다면 우리는 그 폭발이 일어난 후 800년이 지나서야 알아차리게 된다는 말입니다.

Q&A 꼭 알고 넘어가자!

문제 1 별을 잘 관찰할 수 있는 조건에는 무엇이 있을까요?

문제 2 망원경 덕분에 우리는 맨눈으로 잘 볼 수 없는 천체를 관찰할 수 있게 되었어요. 망원경에는 어떤 것들이 있을까요?

찾아내어 앞의 두 망원경보다 더 정확하게 관측할 수 있게 해 줍니다.

3. 1광년은 빛의 속도로 1년을 가는 거리를 말합니다. 빛은 1초마다 30만㎞를 이동하고, 1년은 365일, 24시간과 3,600초를 포함하므로 계산해 보면 다음과 같습니다.
〈1광년 = 30만㎞ x 365 x 24 x 3,600 = 9,460,800,000,000㎞〉

문제 3 우주를 측정하는 단위 가운데에 광년이 있습니다. 1광년은 몇 킬로미터인가요?

정답

1. 장애물이 없는 넓은 곳으로 가야 합니다. 또한 별빛을 잘 볼 수 있도록 가로등 같은 불빛도 없어야겠지요. 그러므로 빛이 환한 보름달이 뜨는 날도 피해야 합니다. 또한 강과 호수 근처에는 안개가 생기기도 하므로 피해야 합니다. 달빛이 없는 맑은 날, 공기가 맑은 시골 들판이 별을 관찰하기에 가장 좋겠지요.

2. 천체를 관측하는 망원경에는 굴절망원경, 반사망원경, 전파망원경이 있습니다. 굴절망원경과 반사망원경은 대물렌즈와 접안렌즈로 구성돼 있습니다. 대물렌즈는 별빛을 모아 주는 역할을 하고, 접안렌즈는 모아진 별빛을 우리 눈이 볼 수 있도록 확대해 줍니다. 전파망원경은 우리 눈에 보이는 가시광선뿐 아니라 전파 신호를